新型职业农民培育系列教材

果树规模生产与病虫害防治

◎陈中建　尹华中　主编

中国农业科学技术出版社

图书在版编目（CIP）数据

果树规模生产与病虫害防治／陈中建，尹华中主编．—北京：中国农业科学技术出版社，2019.7

ISBN 978-7-5116-4213-4

Ⅰ.①果… Ⅱ.①陈…②尹… Ⅲ.①果树园艺②果树-病虫害防治 Ⅳ.①S66②S436.6

中国版本图书馆 CIP 数据核字（2019）第 103954 号

责任编辑　崔改泵　金　迪
责任校对　马广洋

出 版 者　中国农业科学技术出版社
　　　　　北京市中关村南大街 12 号　邮编：100081
电　　话　（010）82109194（编辑室）　　（010）82109702（发行部）
　　　　　（010）82109709（读者服务部）
传　　真　（010）82106650
网　　址　http://www.castp.cn
经 销 者　各地新华书店
印 刷 者　北京建宏印刷有限公司
开　　本　850mm×1 168mm　1/32
印　　张　7
字　　数　195 千字
版　　次　2019 年 7 月第 1 版　2020 年 7 月第 2 次印刷
定　　价　30.00 元

《果树规模生产与病虫害防治》
编委会

前　言

　　随着科技发展、社会进步，人们对果品需求量的增加且质量要求不断提高，以及适应国际发展形势和增强市场竞争力的需要，中国果树栽培和果品生产不断出现新的发展趋势，引导我国果品产业逐渐向规模化、现代化和多样化发展。

　　本书侧重介绍果树种植技术，兼顾针对性、实用性和可操作性，旨在为广大基层科技人员和农民提供通俗易懂、便于学习和掌握的科技知识。本书内容包括果树生产基础知识、果树育苗、建园及果园管理、苹果生产技术、梨生产技术、桃生产技术、葡萄生产技术、猕猴桃生产技术、柑橘生产技术、香蕉生产技术、菠萝生产技术、杧果生产技术、荔枝生产技术、龙眼生产技术、枇杷生产技术、核桃生产技术、草莓生产技术、板栗生产技术、柿生产技术、李和杏生产技术、枣生产技术、主要果树病虫害防治、果品的贮藏和保鲜及加工等。

　　因写作水平所限，文中难免有错误与不当之处，请广大读者批评指正。

编　者

目　　录

第一章　果树生产基础知识

第一节　果树生产概述

一、果树与果树生产的概念

果树是指能生产人类食用的果实、种子及其衍生物的多年生植物及其砧木的总称。果树生产是人们为获得优质果品，按照科学的管理方式，对果树及其环境采用各种技术措施的过程，它包括苗木培育、果园建立、病虫害防治、栽培管理直至果实采收的整个过程。果树产业是指开发利用能提供干鲜果品的多年生木本和草本果树进行商品生产的产业，它包括果树生产、育种，果品的储藏、加工、运输，以及生产资料供应、信息技术服务、市场营销网络等所有生产要素的集合，是由多领域、多行业、多学科共同参与的系统化综合产业。只有达到从生产到消费整个过程的相互衔接，果树生产才能获得最佳效益。

果树生产的任务是生产高产、优质、低成本和高效益的各种果品，以满足国内外消费者的需求。随着社会的进步和人民生活水平的提高，果树生产目前的状况是：由单纯追求高产向优质丰产迈进，由偏重果品经济效益向生产绿色无公害果品发展。

二、果树生产的特点

（一）生产目标以多年生植物的管理贯穿始终

果树不仅具有春华秋实的年周期变化，还受生命周期中较长的各个生育阶段规律的支配，同时具备经济效益期长、投资报酬高的特点。果树生产对环境条件和栽培技术的反应有时效性和持续性的累积效应，要求栽培技术、土肥水管理、病虫害防治水平均较高。

（二）产品销售以供应市场鲜食果品为主线

由于鲜食是目前我国果品消费的主要方式，故果树生产技术必须适应鲜食消费的需求。第一，必须以果品安全无公害作为生产的基本目标，并进一步发展为绿色果品和有机果品的生产。第二，必须做到以周年供应市场鲜果为目标，进行设施生产和提高储运技术。第三，由于果品质量档次的高低由市场需求定位，故生产中要充分考虑到供应时间、消费对象及果品质量档次等因素。

（三）果品生产以精细管理为技术特色

果树种类繁多，种间差异很大。只有针对不同树种采取与之适应的精细管理技术，才能生产出适应市场需求的多种优质果品，取得更高的经济效益。

第二节　果树的类型与基本结构

一、果树的类型

果树栽培学上根据果实形态结构相似、生长结果习性和栽培技术相近的原则，先将果树分为落叶果树、常绿果树和多年生草本果树，再将各类按生长结果习性、栽培技术及果实特点做如下分类。

（一）木本落叶果树

（1）仁果类果树。仁果类果树属于蔷薇科，包括苹果、梨、海棠果、山楂、木瓜等。

果实主要由子房和花托共同发育而成，为假果。果实的外层是肉质化的花托，占果实的绝大部分，内果皮骨质化，食用部分主要是花托。果实大多耐储运。

（2）核果类果树。核果类果树包括桃、李、杏、樱桃等。果实由子房外壁形成外果皮，中壁发育成果肉，内壁形成木质化的果核。果核内一般有一个种子。食用部分为中果皮。

（3）浆果类果树。浆果类果树包括猕猴桃、树莓、石榴、葡萄等。果实多浆汁，种子小而多，大多不耐储藏。该类果实因树种不同，果实构造差异较大。其代表树种葡萄，果实由子房发育而成，外果皮膜质，中内果皮柔软多汁。食用部分为中内果皮。

（4）坚果类果树。坚果类果树包括核桃、板栗、榛子、银杏等。其特点是果实外面多具有坚硬的外壳，壳内有种子。果实部分多为种子，含水分少，耐储运，俗称干果。

（5）柿枣类果树。柿枣类果树的果实的外果皮膜质，中果皮肉质。枣内果皮形成果核，食用部分是中果皮。柿内果皮肉质较韧，食用部分是中、内果皮。

（二）木本常绿果树

（1）柑果类果树。柑果类果树包括柑、橘、橙、柚等。果实由子房发育而成，外果皮革质，具有油胞，中果皮为白色海绵状，内果实发育成为多汁的囊瓣。食用部分为内果实。果实大多耐储运。

（2）其他。其他类果树包括荔枝、龙眼、枇杷、杨梅、椰子、杧果、油梨等。

（3）多年生草本果树。多年生草本果树包括香蕉、菠萝、草莓等。

二、果树树体组成剖析

果树种类繁多，不仅形态结构差异较大，树体组成差别也较大。一般来讲，果树树体分为地上部和地下部两部分。地上部包括树干和树冠，地下部为根系，其地上部和地下部的交界处称为根颈，如图1-1所示。

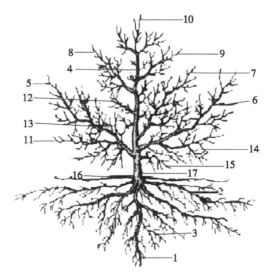

图 1-1　果树树体结构

1. 主根；2. 侧根；3. 须根；4. 中心干；5~9. 第一、第二、第三、
第四、第五主枝；10. 中心干延长枝；11. 侧枝；12. 辅养枝；13. 徒长枝；
14. 枝组；15. 裙枝；16. 根茎；17. 主干

（一）果树的地上部

（1）树干。树干是指树体的中轴，分为主干和中心干。主干
是指地面到第一分枝之间的部分。中心干是指第一分枝到树顶之
间的部分。有些树体有主干，但没有中心干。

（2）树冠。主干以上由茎反复分枝构成骨架，由骨干枝、枝
组和叶幕组成，总称为树冠。

①骨干枝。树冠内比较粗大而起骨干作用的永久性枝称为骨
干枝。由于骨干枝的组成、数量和配置不同，从而形成不同的树
形结构，这种结构对果树受光量和光合效率影响很大，是决定果
树能否高产的关键。骨干枝一般由中心干、主枝和侧枝三级枝条
构成。着生在中心干上的永久性骨干枝称为主枝。着生在主枝上
的永久性骨干枝称为侧枝。着生在中心干和各级骨干枝先端的一

年生枝叫作延长枝。随着果树矮化密植技术的推广，骨干枝的级次呈明显减少的趋势。

辅养枝是指临时性的枝。为了使果树在幼树时期能提早结果及利用辅养枝上的叶片制造养分，加速幼树生长发育，适当保留部分辅养枝是必需的，但成形后要根据其生存空间的变化进行体积缩减，改造为大型结果枝组或彻底疏除。

②枝组，也叫结果枝组，是指着生在各级骨干枝上、有两个以上分枝的小枝群，是构成树冠、叶幕和结果的基本单位。枝组按其体积大小分为大型枝组、中型枝组和小型枝组；按其着生部位分为直立枝组、水平枝组、斜生枝组和下垂枝组。枝组在骨干枝上配置合理与否，直接影响到光能利用率的高低及产量与品质的高低。

枝组和骨干枝是可以互相转化的，加强枝组营养，减少其结果量或不结果，就能进一步发育成为骨干枝；有些骨干枝通过增加结果量或体积缩减，也能改造成为枝组。

③叶幕。叶片在树冠内的集中分布称为叶幕。叶幕的形状和体积应根据果树的树种、品种、树龄、树形和栽植密度不同而异。生产上常以叶面积指数（总叶面积/单位土地面积）来表示果树叶面积。一般果树的叶面积指数以3~5比较合适，叶面积指数低于3是果树叶面积不足的标志，但过高则表明叶幕过厚，会导致树冠内光照不良，无效光合叶面积区域过大，产生果树的产量和品质下降等负面影响。

（二）果树的地下部

（1）根系的类型。根系按其来源分为实生根系、茎源根系和根蘖根系三类，如图1-2所示。

①实生根系，是指由种子胚根发育形成的根系。其特点是主根发达，生命力强，入土较深，对外界环境适应能力强，但个体间差异较大。

②茎源根系，是指由母体茎上产生不定根形成的根系。例如，葡萄、无花果、石榴等采用扦插、压条繁殖的果树。其特点

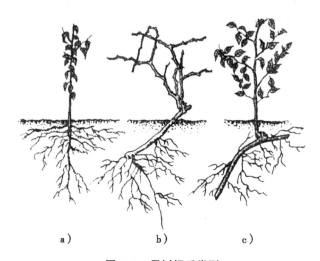

a) b) c)

图1-2 果树根系类型

a) 实生根系; b) 茎源根系; c) 根蘖根系

是没有主根, 侧根虽发达却入土较浅, 寿命较短, 但地上部个体间差异较小。

③根蘖根系, 是指着生有根蘖苗的一段母体根系, 与母体切离后成为独立个体而进一步发育成的根系。例如, 山楂、石榴、枣等采用分株繁殖的果树。其生长发育特点与茎源根系相似。

(2) 根系的结构。果树的根系主要由骨干根和须根两类根群组成。一般来说, 由种子的胚根向下垂直生长先形成主根。主根分生出的侧根, 称为一级根, 依次再分生出各级侧根, 构成全部根系。主根和各级大侧根构成根系的骨架部分, 称为骨干根。骨干根粗而长, 色泽深, 寿命长, 主要起固定、输导和储藏作用。主根和各级侧根上着生的细根统称为须根。须根细而短, 大多在营养期末死亡, 未死亡的进一步发育成骨干根。须根起生长、输导、合成和吸收的作用。

（三）果树的芽

芽是叶、枝、花等的原始体，是果树度过不良环境的临时性器官。芽与种子特征相似，具有遗传性，在特定条件下也可发生遗传变异而产生新品种。

（四）果树的枝

枝条有以下几种：

（1）依枝条的性质和功能分，枝条分为生长枝、结果枝和结果母枝。枝条上仅着生叶芽，萌发后只抽生枝叶不开花结果的枝称为生长枝（营养枝）。生长枝根据生长状况又可分为普通生长枝（生长中等，组织充实）、徒长枝（生长特别旺盛，枝长而粗，节间长，不充实）、纤弱枝（生长极弱，叶小而细）和叶丛枝（极短，小于0.5cm）四种。枝条上着生有纯花芽或当年抽生的带果新梢称为结果枝。依其年龄分为两类：一类是花芽着生在一年枝上，而果实着生在二年生枝上，如核果类果树；另一类是花和果实着生在当年抽生的新梢上的枝，如苹果、梨、葡萄、板栗、核桃、柿、山楂等。结果母枝是指着生有混合花芽的一年生枝。

（2）依枝条的年龄分，枝条分为新梢、一年生枝、二年生枝和多年生枝。当年抽生的枝条，在当年落叶之前称为新梢。按其抽生的季节不同，又可分为春梢、夏梢、秋梢和冬梢。落叶果树春梢明显，夏梢、秋梢的情况表现各异。落叶后的新梢称为一年生枝。一年生枝在春季萌芽后称为二年生枝。两年以上的枝条称为多年生枝。

（3）依枝条在树体上的着生姿势分，枝条分为直立枝、斜生枝、水平枝和下垂枝。树冠内枝条的生长势以直立枝最旺，斜生枝次之，水平枝再次之，下垂枝最弱，此现象称为垂直优势。

第二章　果树育苗

第一节　实生苗的培育

苗木是果树生产的基础。苗木的质量直接影响果树的结果时期、果实的品质及产量、果树的适应性及抵抗病虫害的能力，影响经济收益。

凡用种子繁殖的苗木都称为实生苗。实生苗繁殖简单、繁殖系数高，多数是用于培育嫁接苗的砧木，是果树嫁接育苗的基础。

一、果树砧木种子的类型与储藏

（一）主要果树砧木种子的类型

1. 苹果

（1）海棠果。抗旱、抗寒、抗涝，耐盐碱，嫁接亲和力强。

（2）山丁子。抗寒、抗旱，耐瘠薄，但不耐盐碱，抗旱力不如海棠果。

（3）楸子。抗旱、抗寒、抗涝，耐盐碱，对苹果绵蚜和根头癌病有抵抗能力。

（4）新疆野苹果。抗旱、抗寒，耐盐碱，生长迅速，树体高大。

2. 常用矮化砧木

（1）红花（沙果）。类型较多，结果早。

（2）GM256。矮化中间砧木，抗寒，结果早。

（3）M26。从英国引进的矮化砧木，固堤性好，抗白粉病、抗寒、抗旱性差，结果早，果个大。

（4）MM106。从英国引进的半矮化砧木，抗根绵蚜、固堤性好，耐瘠薄，抗寒，可以进行硬枝扦插，结果早。

3. 梨

（1）杜梨。平原地区梨的主要砧木，根系发达，耐旱，耐盐碱，嫁接亲和力强，结果早，丰产，寿命长。适应辽宁、内蒙古、河北、山东等地。

（2）秋子梨。东北、华北地区的主要砧木，抗寒性极强，抗腐烂病，不抗盐碱，丰产，寿命长。

（3）麻梨。西北地区常用砧木，抗寒、抗旱，抗盐碱，生长势强。

4. 葡萄

（1）山葡萄。极具抗寒力，嫁接亲和力好，扦插较难生根。

（2）贝达。抗寒，结果早，嫁接亲和力好，扦插易生根。

5. 桃

（1）山桃。适于较干旱的山地，如东北、华北、西北。抗寒、抗旱，抗盐碱，较耐贫瘠，嫁接亲和力强。

（2）毛桃。应用广泛的砧木。比较抗旱、耐寒，耐盐碱，嫁接亲和力强，生长快，结果早。

（3）毛樱桃。抗寒力强、抗旱，嫁接亲和力较强，有矮化作用，结果早。

6. 李

（1）山桃。耐盐碱、耐瘠薄，抗旱、抗寒，与中国李嫁接亲和力强。

（2）毛樱桃。抗寒、抗旱，结果早，有矮化作用。

7. 杏

杏与中国李嫁接容易成活，有的品种不完全亲和，结果早，但抗涝性差。

（1）山杏。适应东北、华北、西北地区，主要是抗寒、抗旱、耐瘠薄，嫁接亲和力好。

（2）山桃。较抗寒、抗旱，与杏嫁接亲和力好。

8. 樱桃

（1）山樱桃。较抗寒，生长旺盛，嫁接亲和力好。

（2）中国樱桃。包括毛樱桃、莱阳矮樱桃和毛把酸 3 个类型。适应性较广，抗寒，耐旱能力弱，结果早，嫁接亲和力强。

9. 柿

柿的主要砧木为君迁子。适应性强，较抗寒，抗旱，耐盐碱，与柿嫁接亲和力好。

（二）果树砧木种子的采集和储藏

1. 种子的采集

一般在母本园内，也可在野生母林中选择品种纯正、无病虫害、充分成熟、籽粒饱满、无混杂的种子进行采集。采收后要根据果实特点取种，果肉无利用价值的，多采用堆沤取种；果肉有利用价值的，结合加工过程取种。但需要注意的是，堆沤取种的堆温应保持 25～30℃，加工过程取种防止高温（45℃以上）、强酸、强碱或机械损伤，破坏种子生命力。

2. 种子的储藏方法

（1）干藏法。分为普通干藏法和密封干藏法两种。生产用种子采用干藏法。

普通干藏法是指将经过干燥处理的种子，如苹果、梨、桃、山楂、枣、柿等装入麻袋、布袋等，然后放入通风、干燥、经过消毒的室内储藏。

密封干藏法用于保护一些珍贵种子，是指将种子干燥到安全含水量以后，装入容器并放入适量吸湿剂，密封，在低温条件下储藏。容器一般是已消毒的玻璃瓶、铅桶或铁桶等。

（2）湿藏法。是指将种子，如板栗、柑橘、樱桃等储藏在室温环境条件下，在储藏期间使种子保持湿润状态。此方法常与层积处理同时进行。

二、播种前的准备

（一）种子质量检验及生活力测定

1. 种子质量检验

种子净度是指被检测样品中完整无缺、形状发育正常的种子重量占被测样品总重量的百分比。净度是测定种子播种质量的重要指标之一，是科学确定播种量的主要依据。种子净度越高，说明种子质量越高，其公式为

$$净度（\%）= \frac{纯净种子重量}{种子总重量} \times 100$$

种子总重量包括纯净种子、废种子和其他杂物。

2. 种子生活力测定

（1）染色法。常用染色剂有靛蓝胭脂红、氯化三苯基四氮唑、5%红墨水等。将一定数量的种子浸入清水中 12~24h，种皮变柔软后，剥去种皮，置于靛蓝染色剂或红墨水中 1~2h，最后用清水漂洗。子叶和种胚不着色者或稍有浅斑者为好种子，着色者则为失去生活力的种子。若用氯化三苯基四氮唑染色，结果则正好相反。

（2）发芽法。将一定数量的种子置于衬有滤纸、湿纱布或清洁河沙的容器中，于 20~25℃下催芽 3~5d。依据发芽的数量鉴别种子的质量。

（二）种子层积处理

层积处理是解除种子休眠的一种方法，即将种子埋在湿沙中，温度为 1~10℃，经过 1~3 个月的低温处理就能有效地解除种子休眠。种子层积、主要果树砧木种子层积日数及播种量分别见图 2-1 和表 2-1。

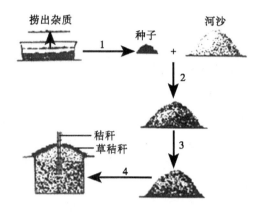

图 2-1 种子层积处理过程

1. 水浸；2. 混合；3. 拌匀；4. 入坑

表 2-1 主要果树砧木种子层积日数及播种量

名　　称	采收时间	层积天数 （天）	每千克粒数 （万粒）	播种量 （kg/hm²）
山丁子	9—10 月	30～90	15.00～22.00	15.0～22.5
海棠果	9—10 月	40～55	4.00～6.00	15.0～22.5
楸子	9—10 月	40～60	4.00～6.00	15.0～22.5
沙果	7—8 月	60～80	4.48	15.0～34.0
杜梨	9—10 月	60～80	2.80～7.00	15～37.5
山桃、毛桃	7—8 月	80～100	（0.04～0.06）／ （0.02～0.04）	450～750
杏	6—7 月	90～100	0.03～0.04	400～600
枣	9 月	60～100	0.2～0.26	112.5～150
山楂	8—11 月	200～300	1.3～1.8	112.5～225
山葡萄	8 月	90～110	2.6～3.0	22.5～37.5
板栗	9—10 月	100～160	0.01～0.03	1 500～2 625

（三）土壤处理

一般要进行土地平整，捡除植物残体，作畦，施肥。土壤要求富含熟化的有机质，禁用盐碱土和生土。每亩（1亩 $\approx 667m^2$，15亩＝1公顷，全书同）施用腐熟有机肥 4 500kg 左右，然后进行翻耕、浇水。还要进行土壤消毒，主要目的是消灭土壤中残存的病菌，常用的药剂有硫酸亚铁（黑矾）、五氯硝基苯混合剂。土壤灭虫的常用药剂有西维因和辛硫磷。

三、播种及管理

（一）播种时期

根据种子特性和当地的土壤、气候条件决定采用春播还是秋播。我国北部地区多为春播，春播时期一般为3月中旬至4月中旬。秋播时期一般为10月下旬至11月中旬，在土壤结冻前完成。

（二）播种方法

播种方法有撒播、条播和点播三种。山桃、桃等大颗粒种子一般采用点播。如播种后覆盖地膜苗木生长健壮、整齐，田间管理方便。山丁子、海棠、杜梨等小颗粒种子一般用条播。为了确保出苗，播种后应覆盖地膜，出苗后进行间苗移栽，保障行内苗木的株距一致。这种播种方式的用种量较大。

第二节　嫁接育苗

将植株的一段枝或芽接到另一植株的枝干或根上，使之愈合形成一个新植株的过程称为嫁接，这样得到的苗木称为嫁接苗。

一、嫁接原理

嫁接原理是嫁接后砧穗紧密结合，形成层部分形成愈伤组织，使二者生长在一起成为一个有机统一体。嫁接亲和力，嫁接技术，温湿度、光照、空气等环境条件，嫁接时间，嫁接方法及砧木和接穗的质量都直接影响嫁接苗的成活。

二、嫁接时期

春、夏、秋季均可进行室外嫁接，冬季一般在室内嫁接。落叶果树的枝接一般以春季（3—4月）嫁接为主，芽接主要在夏季（5—6月）、秋季（8—9月）进行。

三、嫁接方法

生产上用的嫁接方法主要为芽接和枝接。芽接是用一个芽片做接穗的嫁接方法，枝接是将带有一个或数个芽的枝条做接穗的嫁接方法。

（一）芽接

芽接适于在生长季节进行，具有操作简单、速度快、容易愈合、成活率高的特点。这里介绍两种常用芽接方法，即"T"字芽接和嵌芽接。

1. "T"字芽接

"T"字芽接（图2-2）是果树孕育苗中应用最多的一种方法，要求砧木和接穗皮层均易剥离，只能在离皮期进行。

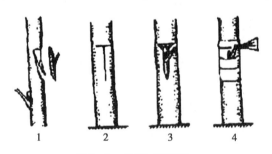

图2-2　"T"字芽接
1. 取芽；2. 切砧；3. 装芽片；4. 包扎

先削接芽，在芽的上方0.5 cm处横向环切，深达木质部，然后从芽的下方1.5 cm处向上斜削一刀，与芽上横刀口相交，掰下芽片（不带木质）。然后，在砧木距地 5cm 处选取光滑部位，切一个"T"字形口，插入接芽，用塑料条绑紧。此方法适用于苹果、梨、桃、山楂等树种。

2. 嵌芽接

嵌芽接（图 2-3）是果树育苗中普遍采用的方法，特别是对皮层较薄的树种较为适用。

先在接穗芽的下方，距芽 0.5cm 左右向下斜削一刀，深达接穗直径的 1/3 左右，再从芽上 1.5cm 左右向下斜削一刀，与芽下切口相接，取下一盾形带木质芽片。在砧木上选择一个光滑位置，削一个与接芽同样形状、稍长于或等于芽片的切口。此方法适用于柿、樱桃、板栗、李、杏等树种。

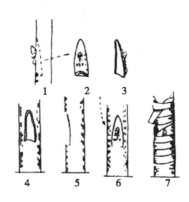

图 2-3　嵌芽接

1. 削接芽；2. 接芽正面；3. 接芽侧面；4. 削砧木；

5. 砧木侧削面；6. 插接芽；7. 包扎

除上述两种常用芽接方法以外，还有套管芽接和方块形芽接等方法。

（二）枝接

枝接可分为硬枝嫁接和绿枝嫁接。硬枝嫁接多在春季旺盛生长前进行，绿枝嫁接在生长季进行。下面介绍枝接常用的三种方法，即劈接、切接和腹接。

1. 劈接

劈接（图2-4）适用于砧木较粗或与接穗等粗的枝接。先将接穗削成楔形，两个削面长度为3cm左右，保留一两个好芽，砧木在距地面5~8cm处剪断。削面一定要平直、光滑，横断面要平滑。

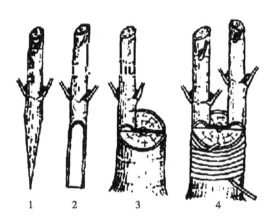

图2-4 劈接

1. 接穗削面侧视；2. 接穗削面正视；3. 接穗与砧木接合；4. 绑缚

2. 切接

切接（图2-5）适用于砧木较粗的嫁接，与劈接相似。

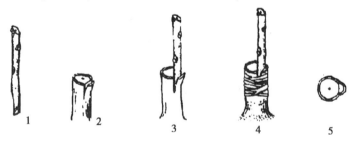

图2-5 切接

1. 接穗；2. 砧木；3. 插接穗；4. 绑缚；5. 接穗和砧木对齐

3. 腹接

腹接（图 2-6）一般用于春季苗圃补接。

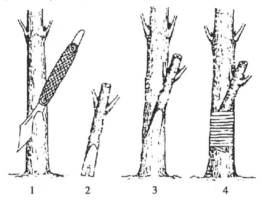

图 2-6　腹芽接

1. 砧木上的楔形切口；2. 接穗；3. 接合；4. 绑扎后的情况

嫁接方法是先把穗削成楔形，切口一面较长，长约 3.5cm，嫁接时靠里侧。另一面切口较短，长约 3cm，嫁接时靠外侧。插入接穗，将砧木和接穗的形成层对齐，且将接穗大削面上部稍微露出砧木横切口。

第三节　扦插育苗

将果树部分营养器官插入土壤（基质）中，使其生根、萌芽、抽枝，成为新的植株的方法称为扦插。用这种方法繁殖的苗木叫扦插苗。扦插可在露地进行，也可在保护地进行。扦插根据材料不同可分为枝插和根插。

一、枝插

枝插根据生长季节分为硬枝扦插和嫩枝扦插，见图 2-7。

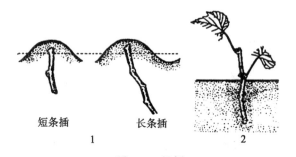

图 2-7　枝插

1. 硬枝扦插；2. 嫩枝扦插

（一）硬枝扦插

硬枝扦插是指用充分木质化的一年生枝条作插条的扦插方法。生产中常用此方法的季节以春季为主，以葡萄应用最为广泛。

（1）在晚秋或初冬结合冬剪进行插条的采集。

（2）插条要求芽饱满、无病虫害。

（3）插条采回后剪成 50cm 左右的枝段，每 50~100 枝为一捆，标明品种，进行沟藏或窖藏，见图 2-8。

（4）第二年春插时将插条剪成 15cm 左右的枝段（含 2~3 个饱满芽）。

（5）当土温稳定在 10℃ 以上时即可扦插。

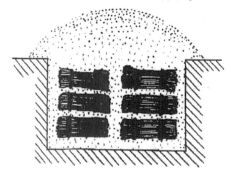

图 2-8　插条储藏

（二）嫩枝扦插

嫩枝扦插又名绿枝扦插，是指利用带叶的当年生半木质化的新梢在生长期进行扦插的方法。

（1）嫩枝扦插主要在生长季进行，过晚影响新梢成熟。

（2）扦插成活与空气和土壤湿度有关，把采后的插条剪成15cm左右的枝段，保留新梢上部 1～2 片叶。

二、根插

根插是指用根段进行扦插的方法。根段以 0.3～1.5cm 为宜，剪成 5～10cm，上口平剪，下口斜剪。可冬藏春插，也可春季随剪随插。

三、其他育苗方法

（一）压条繁殖

压条繁殖是指在枝蔓不与母株分离的情况下，将枝蔓压入土中，使其压入部分生根，再与母株分离形成独立植株。常用的压条方法有水平压条、直立压条、空中压条、曲枝压条。

1. 水平压条

水平压条（图 2-9）又称连续压条，是指将要繁殖的枝条截去过长部分，春季时在树旁挖掘约 5cm 浅沟，将枝条水平压入浅沟内，用枝杈固定，使其生根和发梢，随着新梢的伸长加深覆土，及时抹去枝条基部强旺萌蘖，秋后剪离分植。葡萄、苹果矮化砧、紫藤、蔓越橘、蔓性蔷薇等常用此法繁殖。

图 2-9　水平压条

2. 直立压条

直立压条（图2-10）是指早春萌芽前，对母株进行平茬或截干，促其萌发多个新梢，待新梢长到30cm以上时，进行一次培土，随着新梢的增高再进行第二次培土。两次总高度为30cm。一段时间后新梢基部产生不定根。由此可以采用新梢基部环剥或者环割方法，促其生根，于休眠期切离母体。

图2-10 直立压条

3. 空中压条

空中压条（图2-11）是指选择健壮的1~3年生枝条，在其

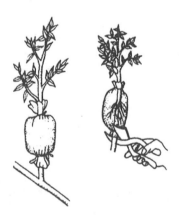

图2-11 空中压条

基部 5~6cm 处纵刻伤或环剥，伤口处涂抹生根调节剂或生根粉，再用塑料薄膜卷成筒状或者用竹筒套在刻伤部位，将塑料袋的下端绑紧，把疏松、肥沃的土壤或者苔藓蛭石等保鲜材料装入袋中，适量浇水，将上端绑紧。以后进行检查、浇水，一般 2~3 个月即可长出大量新根。

4. 曲枝压条

曲枝压条（图 2-12）又称低压法。凡枝条柔软的花木，如葡萄、无花果、山莓、夹竹桃、桂花、迎春、茉莉等可采用曲枝压条。它是指将植株基部的枝条弯成弧形，将圆弧部分埋入土中，再将土压实或埋土上压一块砖头或石块，以免枝条生根前弹出土外。埋入土中的部分也要刻伤或作环状剥皮，充分生根后剪离母株。

图 2-12　曲枝压条

（二）分株繁殖

分株繁殖是指利用植株的营养器官进行分离或分割成若干个独立生存植株的方法。常用分株方法有根蘖分株、匍匐茎分株、根状茎分株。

1. 根蘖分株

根蘖分株是指利用树种易发生根蘖的特性，于成龄果园，春季或秋季在树冠外围挖沟断根，将树体部分 1~2cm 的根水平切断后填回土壤，切离母体的水平根即可萌生新梢。秋后将新的根蘖苗刨出，进行集中培养，即可培育出合格的果苗或砧木苗。北方果树中的枣、山楂、山丁子、海棠、杜梨等易发生根蘖。

2. 匍匐茎分株

匍匐茎分株是指当前草莓生产中的主要方法之一，可建立专一的良种繁育苗圃。苗种栽植按株距 15～20cm、行距 30～60cm 定植。疏掉母株所有花序，促进匍匐茎生成。苗圃地要及时松土、浇水，匍匐茎生根之后及时压土。一般母株年龄不宜超过 3 年，3 年后进行更新，另换地重建母本园。

3. 根状茎分株

草莓浆果采收后，当地上部有新叶抽出、地下部分有新根生长时，整株挖出，将 1～2 年生的根状茎分枝逐个分离成为单株，即可定植。

(三) 组织培养

组织培养是指通过无菌操作，将植物体的器官、组织或细胞接种于人工配制的培养基上，在一定的温度和光照条件下，使之生长发育为完整植株的方法。组织培养的材料包括器官、愈伤组织、细胞、原生质体或胚胎。果树上主要利用组织培养繁殖无病毒苗。确切地说，"无病毒"只防治了一些对果树生长结果为害较大的主要病毒病，并非绝对的无病毒，习惯上称这样的苗木为无病毒苗。

第四节　果树苗木生产与营销

一、果树苗木的生产

(一) 苗木生产基地的区划与布局

对苗木生产基地进行功能分区，其目的在于合理利用圃地面积，便于生产管理和作业实施，提高生产效益。首先要进行实地测量，将生产用地和辅助用地按一定比例描绘在图纸上，要标明各育苗区的所用设施的平面轮廓。同时要注明生产用地中各种植区的面积、培育的果树苗木种类及数量等，同时要考虑苗木的移栽、检验、假植、包装、贮藏和运输等相关环节的安排。

（二）苗木生产规划

首先要做好调研工作，准确把握苗木生产基地自身的栽培技术水平、种源、设备、人力、物力、财力、自身的产品质量、在市场中的地位等背景资料；要依据当地的土壤状况、气候变化规律和农业经济发展水平等条件，因地制宜地发展适销对路的果树苗木，并确定适宜的生产方式。

其次要根据资金周转、土地状况及当地果树发展需求、种类、数量等进行统筹规划，合理安排。

（三）生产组织与管理

1. 制订合理的生产计划

包括生产进度安排、时间安排以及一系列技术规范与要求等，并要考虑主要的生产程序和生产过程中可能存在的不利因素等。

2. 生产计划的执行和实施

生产计划制订后，关键是执行和组织实施。要把计划和任务层层落实，同时要求苗木生产基地各基层单位要做好各个环节的作业计划，并要掌握计划执行的进度，确保苗木生产各个环节的顺利进行，按时、按质、按量完成苗木生产任务，提高苗圃的生产经营水平和经济效益。

3. 做好生产记录

苗木生产过程中应有专人负责作生产记录，要及时准确记录各个环节和主要生产过程，有助于积累经验，为下周期生产奠定良好基础。记录主要包括如下内容。

（1）栽培过程记录。包括各项操作过程记录和环境因素记录。

①操作过程记录。主要记录如种子处理、播种、间苗、移栽、嫁接、接后管理等各个环节的具体时间、操作要点、生产效果、劳动力预算等。

②环境因素记录。包括生产地点的温度、光照、水分、土壤、基质、病虫害发生等情况，特别是保护地设施育苗中环境因素如何调节等。

（2）产品成长记录。主要记录果树苗木的生长表现和物候特征，如苗高、胸径、萌芽、抽枝等生长状况记录。至少每周或半月评估一次苗木生长发育情况，并做好详细记录。

（3）产出和投入记录。指投入和产出（收入）的记录。通过产投记录分析，可发现、评估并纠正生产中的失误，并可严格实施苗圃经营的程序。

二、果树苗木营销

（一）营销策划

营销策划是指巧妙的设计和策略。其基本思路是将企业现有的经营要素按新的思路重新组合，实现新的经营目标的营销活动。营销策划的构成要素主要有如下内容。

1. 明确目标

企业或苗木生产单位要设定战略性、明确性或方向性目标。

2. 丰富信息

要有丰富的信息资源，可通过网络、广告、展会等形式，收集和积累相关的信息资料。尽量做到别人不知我们知、别人无法利用我们可利用、别人没有意识到我们却有超前意识。

3. 创意和理念

创意和理念是营销策划的灵魂，创意的水平决定着企业策划的质量和营销的前景。要始终体现发展企业的思想和核心理念。

4. 控制意识

在落实企业的创意和理念过程中，要客观分析企业当前所面临的困难和条件，控制好苗木从生产到销售的各个环节，保证企业的创意和效益能如期实现。

（二）销售渠道

销售渠道是指果树苗木产品从生产到消费者手中所经过的渠道。

1. 直接销售

直接销售是从苗圃将自己生产的果树苗木直接出售给生产用户，其间不经过任何中间商，实行产销合一的经营方式。

2. 间接销售

是在销售渠道中有中间商参与，商品所有权至少要转移两次或两次以上。其优点是有利于开拓市场，且苗木生产基地不从事产品经销，能集中人力、物力和财力组织好产品生产。其缺点是销售渠道较长，商品流转时间长，对果树苗木来说，势必要增加流通费用，提高苗木价格，易造成产销脱节。

（三）促销形式

促销是指苗木生产基地通过各种手段或方法，向消费者宣传本单位果树苗木产品的种类、品种、价格、服务等，有助于树立良好的企业形象和文化，促使消费者产生购买的动机和行为。苗木促销的方法主要有：参加各地举办的苗木展览会、苗木信息研讨会等；利用网络或电话等做好广告宣传；优化售前、售中和售后服务。

（四）销售价格的制定

苗木产品的定价，有其科学性和艺术性。合理的定价方法和合适的价格是苗木生产单位在激烈的市场竞争中立于不败之地的关键之一。

通常苗木的价格是根据其生产成本和预先设定的目标利润及税率等因素决定的，计算公式为：

$$果树苗木价格 = \frac{果树苗木生产成本 + 目标利润}{1 - 应缴税率}$$

果树苗木的销售价格一般采用市场价，买卖双方可以自由协商制定，同时还受到市场供需情况、买卖双方的心理、苗木质量、购买能力等因素的影响，所以苗木生产或经营单位在市场营销活动中，可灵活运用价格策略，合理制定自身产品的价格，以取得较大的经济利益。

三、果树苗圃效益的优化管理

（一）技术管理

技术管理是指对苗木生产、包装、贮存等各项技术的科学组织与管理。加强技术管理有利于建立良好的生产秩序，提高本单位或行业的技术水平，扩大苗木种类和品种，提高苗木产量和品质，节约能耗，降低产品成本等。

1. 建立健全技术管理体系

技术管理体系包括技术规范和技术规程，这是进行技术管理、安全管理和质量管理的依据和基础，是标准化生产的重要内容。

（1）技术规范。是对各类苗木的质量、规格及其检验方法等作出的技术规定，是企业单位和个人在生产经营活动中行动统一的技术准则，可分为国家标准、地区标准、部门标准及企业标准。

（2）制定技术规程的目的。技术规程是为了保证达到技术规范，对生产过程、操作方法以及工具设备的使用、维修、技术安全等方面所做的技术规定，苗圃可以根据自身的具体条件，自行制定和执行。

2. 注意事项

制定技术规范和技术规程应注意以下三方面。

（1）要以国家对果树苗木生产的规定和政策、技术标准为依据，同时要因地制宜地结合当地特点和地区操作方法、操作习惯等。

（2）要对国内外先进技术的成就和经验结合自身和现有条件加以合理利用，防止盲目拔高或降低标准。

（3）要广泛征求多方意见，并结合生产实践多次试行、总结修改后方可批准执行。在执行过程中应随着技术经济的发展及时进行修订，使之不断完善，确保技术规范、规程既严格又可操作性强。

（二）质量管理

生产实践中果树苗木行业的质量管理主要有以下方面。

（1）要依据国家标准和行业标准执行果树苗木产品质量检验，进行质量调查分析评价，建立质量保证体系。其次要建立并执行各项质量管理制度。企业或生产单位要实行质量责任制，要设专人负责质量管理工作。

（2）要进行全面质量教育，帮助企业领导、技术人员和员工树立质量意识，要开展技术培训、技术考核、技术竞赛等各种有利于提高企业效益和长久发展的活动，鼓励职工钻研技术，提高技术水平。

（3）要实行综合质量管理，把好各个生产阶段和每一个环节的技术质量关。做好质量信息反馈工作，积极听取消费者意见，及时反馈市场信息，改进和完善企业质量管理制度。

（三）做好科技情报和技术档案工作

1. 科技情报工作的主要内容

及时搜集、整理、检索、储存国内外本行业或相关行业的科技资料、信息，为生产、科研、技术改革提供有价值的资料及信息。

2. 果树苗圃技术档案工作

是对苗圃生产和经营活动真实记录的整理与保管。目的是通过不断地记录、整理分析苗圃的使用、苗木生长发育、育苗技术措施的实施情况和人力、物力、财力的投入及综合效果等，掌握苗木生产规律，总结苗木生产技术经验，不断探索苗圃经营管理的合理可行的科学方法，不断提高苗圃的生产经营和管理水平。

第三章　建园及果园管理

第一节　园址的选择和果园规划

果树为多年生植物，栽植后要在固定的地方生长几年或数十年。因此，建立果园必须从长远和全局考虑，因地制宜、合理布局、认真选址、精心设计，才能达到优质高产的目的，获得良好的经济效益。

建立果园必须坚持因地制宜、相对集中、有所侧重的原则。要依据当地气候条件、消费群体的要求和消费能力、科技发展水平和未来的发展趋势等因素综合考察分析，确定种树、品种和栽培的规模及设备、设施的配备。必须围绕品种的良种化、管理的科学化、生产的机械化、排灌的水利化、土壤的良土化、栽植的矮密化、寿命的短期化来进行。

一、园址的选择

园址选择的原则有以下几个。

（一）合理利用土地资源

利用土层深厚、土质肥沃、水土流失少的平地、丘陵、山地栽培果树，还可达到粮果双丰收的目的。风沙荒地、岗坡地也可建园，但沙荒地有机质含量少，保水保肥力差，建园时应采取防风固沙、种植绿肥等措施，改良不利条件。黏重土的地块排水不良、通气性差，既不利根系生长也不宜建园。另外，盐碱化较重的地块一般不宜建园，若需建园必须先改良土壤。

（二）栽植适宜果树

根据当地气候、土壤、雨量、市场需求条件，充分发挥当地的自然优势和品种的优良性状，因地制宜栽植适宜本地区的果树品种。

（三）交通方便、易于管理

建园要选择交通方便的地方，利于运输生产资料和果品。水源要充足，利于灌溉。

二、果园规划

果园地点确定后，先进行测量，画出地界。然后确定果园范围、防护林、道路、排灌系统和建筑物的区划。为利于劳动作业，小区的地形以长方形为好。用道路规划果园的小区，一般主路宽5～7m，支路宽3～5m；根据风的来向，确定主林带、副林带；建筑物主要包括贮藏室、包装场、管理用房等相应的配置配套设施。

第二节 果树栽植

经过对果园进行选择、区划设计规划后，选择适宜的果树品种及其配置，合理的栽植密度和栽植方式成为增加产量、提高经济效益的重要因素。

一、栽植规划

（一）树种、品种的选择

选择适宜当地气候、土壤环境条件的树种和品种，首选当地名、优、特新果品。晚熟品种应与早熟品种搭配，如葡萄和草莓搭配。

（二）果树的配置

在坡地建园栽植时，坡地上部土层较薄，可栽植耐贫瘠的树种，如杏、山楂。在缓坡土层深厚的地方，可栽植梨、苹果。在山的下坡可栽植抗寒力强的树种，抗寒力弱的树种可栽植在中、上坡。

二、栽植时期

不同的地区及不同品种的栽植时期不同，北方落叶果树多在落叶后至萌芽前栽植。冬季较为温暖的北部地区，萌芽前春植或落叶后栽植均可，秋植有利于伤口愈合、促进新根生长。冬季寒冷的地区，秋植易于受冻或抽条，春栽效果好。冬季温暖的南方地区，落叶果树秋植或春植为宜。

三、栽植密度和方式

（一）栽植密度

各种果树树种都有适宜的栽植密度，生产上常用栽植密度见表3-1。

表3-1　常用果树栽植密度

果树种植	株数×行距（m×m）	每公顷株数（株）
苹果	（3~4）×（4~5）	500~834
梨	（1.5~2）×3（矮化砧）	333~500
山楂	（3~5）×（4~6）	500~834
李	（3~4）×（4~5）	500~834
杏	（3~5）×（4~6）	333~500
葡萄	（1~1.5）×（5~6）	1 111~2 000

（二）栽植方式

（1）长方形栽植。当前生产中应用最广的栽植方式。特点是行距大于株距，通风透光好，适于密植，便于机械化作业，耕作管理方便。栽植株树的公式为：

栽植株数=栽植地面积／（行距×株距）

（2）正方形栽植。特点是行株距相等，各株相连成正方形。通风良好，耕作管理方便。但在进入结果期后树冠易于郁闭，不利于进行机械操作和管理。

（3）三角形栽植。分为等腰三角形和非等腰三角形栽植，将果树栽植在三角形的顶点上，各行交错栽植，不便于管理，通风透光差。生产中应用较少。

（4）带状栽植。一般两行为一带，行距 1m 左右，带距 5m 左右。葡萄生产和密植栽培应用较多。

（5）等高栽植。适于梯田、撩壕采用。

四、栽植方法

（一）栽前准备

1. 土壤准备

根据不同类型的土壤进行改良，一般地应深翻施肥、平整土地，沙地建防护林，山地做好梯田或撩壕。

2. 苗木准备

根据因地制宜的原则选好树种和品种，剪掉发霉、折断的部分，一边修剪一边定植。最好栽前浸水，栽时用泥浆蘸根，提高成活率。

3. 挖坑定植

北方应在上年秋季土壤结冻前挖好坑，施足基肥。一般栽植坑深宽不小于 1m，表土与底土分开。坑的中心为定植点。

（二）定植

将果树苗木主根垂直栽于坑中央，使根系自然舒展，将土壤与肥料混拌均匀后填入坑内踩实。根茎部露出地面，浇足定根水，定植后修剪树形以减少蒸腾。

第三节　果园土壤管理和间作

一、果园土壤管理

（一）幼龄果园的土壤管理

1. 幼树树盘管理

树盘是指树冠垂直投影范围，根系分布集中。树盘内的土壤可采用清耕或者清耕覆盖法管理。在秋季上冻前刨一遍树盘，刨土深度为 10~15cm。

2. 果园间作管理

幼龄果园树小、根狭，有较大的行间距可以进行间作。实行果蔬、果粮、果药、果薯、果苗间作，既可抑制杂草生长，又可增加收入。

（二）成龄果园的土壤管理

果树进入盛果期即应停止间作。果园土壤管理分为以下三种形式。

1. 清耕法

果园要勤耕、勤锄，使土壤保持疏松和无杂草状态。在秋季深耕，春夏季进行多次中耕，使土壤保持疏松通气。短期内可显著地增加土壤有机态氮素，起到除草、保肥、保水作用。但不宜长期使用此法。

2. 生草法

除树盘外，在果树行间播种禾本科、豆科等草种的土壤管理方法叫生草法。其优点是增加了土壤有机质和土壤肥力，改善了土壤理化性状，减少了土壤冲刷，对果实的成熟和提高品质有促进作用。缺点是长期生草易使表层土板结，影响通气，与果树争夺水分和养分。

3. 清耕覆盖法

在果树需肥、水较多的生长前期保持清耕，而在雨季种植覆盖作物，待作物长到一定高度后翻入土壤作绿肥，这种方法叫清耕覆盖法。这种方法兼具清耕法与生草法的优点，减轻了二者的缺点。例如，前期清耕可熟化土壤，保持水分和养分；后期播种间作物，吸收利用土壤中过多的水、肥，有利于果实成熟，增进品质，并可防止水土流失，增加有机质。

二、果园间作

如果果园间作的作物选择恰当，可以以短养长、充分利用土地、增加收入。可加速土壤熟化，提高土壤肥力，控制杂草生长和防止水土流失。

（一）间作物的选择

（1）一般在桃幼龄期提倡间作，定植后 1~2 年，全年均可间作。成龄果园只在秋冬季间作比较合适，但全园封园时不宜间作。

（2）间作物宜选择根系浅、枝干矮、生长期短、耗肥量少、无或少共同病虫害的作物。

（二）适宜作物

（1）豆科类作物。主要有花生、大豆、绿豆等。豆科类作物根系具有固氮作用。

（2）薯类。主要有甘薯和马铃薯。

（3）蔬菜。主要是一些果菜类、块茎类和叶菜类蔬菜，藤蔓蔬菜不适宜。

（4）药用植物。如党参、沙参等。

（三）不适宜作物及模式

1. 不适宜作物

（1）高秆类作物：如小麦、玉米、高粱等。

（2）藤蔓作物：如瓜类、豇豆等。

2. 不适宜模式

果果间作：在同一块地中，若有两种或两种以上的果树，不同果树种类间有许多病虫害互相传染，同时其年周期中各生育期又不相同，给生产管理带来不便。

第四节　肥水管理

一、施肥

（一）施肥时期

1. 基肥施肥时期

基肥以有机肥为主，它是能较长时间供给果树多种养分的基础肥料，如厩肥、堆肥、腐植酸类肥料、土杂肥及绿肥等。基肥的施用一般以秋施为主，多在 8 月下旬至 11 月上旬进行。又以有机肥为主（3 000~5 000kg/667m²），混合以全年需氮总量 60% 的氮肥、80%~100% 的磷肥、70%~80% 的钾肥，施肥方法有全园撒施、条沟施、环状沟施、放射状沟施等。秋季正值根系第二次生长高峰，伤根容易愈合，可促发新根，使肥料有充分的时间分解，部分肥料吸收后能增加树体内养分积累，提高树体的越冬能力和抗寒性。

2. 追肥施肥时期

追肥在生长季根据果林各个生长发育阶段施用。追肥是以基肥为基础，依据树体生长发育不同时期对肥料需求的特点和营养元素的需求，追施速效肥来满足果树生长发育的需要。追肥既是供给当年壮树、高产、优质的肥料，又为来年生长结果打下基础，是果树生产中不可缺少的技术环节。追肥的次数和时期与气候、土质、树龄有关，一般一年进行 2~3 次。

（1）花前肥。又叫萌芽肥，在花芽开始萌发时追肥，以满足开花坐果和发芽抽梢所需肥料。一般每株追施尿素 100~150g。

（2）花后肥。又叫稳果肥，在落花后坐果期施用，满足幼果需要，促进新梢生长，扩大叶面积，提高光合效能，减少生理落果。一般每株追施尿素100~200g。

（3）壮果肥。又叫夏肥，在幼果停止脱落即核硬化前进行。一般每株施人畜粪15~30kg。

（4）采前肥。重点针对结果多的晚熟品种，主要解决大量结果造成树体营养亏缺和花芽分化的矛盾，尤以晚熟品种后期追肥更为重要。还可以使落叶果树延长叶片寿命和衰老期，加深叶色，提高光合作用效能，有利于树芽充实及增长树体营养积累，提高树体营养水平。

（二）施肥方法

1. 土壤施肥

土壤施肥是应用最普遍的施肥方法，具体方法包括以下几个。

（1）放射沟施肥。以树干为中心，距树干1m左右，由内向外、由浅入深地挖放射状沟后施入覆土。隔年更换施肥部位，适用于盛果期大树。

（2）条状施肥。在果树间、株间或隔行开沟施肥，挖横向或纵向长条沟，坡地只能顺等高线横向挖沟。

（3）全园施肥。将肥料均匀地撒在地面上，综合耕刨翻入土中，此法可与放射状施肥隔年更换，效果更好。适用于施肥量大的成龄果园和密植果园。

（4）环状施肥。在树冠外围稍远处挖环状施肥沟，将肥料与土充分混合，施入沟内，覆土填平。适用于幼年树。

2. 根外施肥

根外施肥又称叶面喷肥，简单易行，用肥量小，发挥作用快，可及时满足果树的急需。喷时将肥料配成低浓度液体，喷施到叶、新梢或果实上，注意叶的正反两面都要喷到，喷雾要细匀，多在无风晴天进行。根外施肥常用的肥料种类和浓度见

表3-2。

表 3-2　根外施肥常用的肥料种类和浓度

种　类	浓　度	种　类	浓　度
尿素	0.3~0.5	硝酸钾	0.5
硝酸铵	0.1~0.3	硼砂	0.1~0.25
硫酸铵	0.1~0.3	硼酸	0.1~0.5
磷酸铵	0.1~0.5	硫酸亚铁	0.1~0.4
腐熟人尿	5~10	硫酸锌	0.1~0.5
过磷酸钙	1~3	柠檬酸铁	0.1~0.2
氧化钾	0.3	钼酸铵	0.3
草木灰	1~5	硫酸铜	0.01~0.02
磷酸二氢钾	0.2~0.3	硫酸镁	0.1~0.2

二、灌溉

(一) 灌溉时期

果园灌水是根据果树不同物候期对水的需求进行的，新梢迅速生长、果实膨胀发育时需水量大。应根据土壤墒情灌溉，随旱随灌，随涝随排。

(1) 萌芽水。在萌发开花期，使土壤水分充足，对新梢生长、促进开花坐果有积极的作用，为当年丰产打下良好的基础。春季干旱地区，此期灌水更为重要。

(2) 花后水。此期常为果树的需水临界期，对水分的需要量很大。浇一次透水能减少落花落果，提高坐果率，促进果实膨大。因此，此期自然降雨不足的地区必须灌水。

(3) 催果水。在果实迅速膨大期。此期也是花芽大量分化期，及时灌水既可促果实肥大，又促进花芽分化，为连年丰产创造条件。

(4) 封冻水。秋冬干旱地区采果后，灌水可使土壤中储备足够的水分，有助于肥料的分解，有利于果树第二年春季的生长。

寒地果树在土壤封冻前灌一次水，对树体越冬和第二年春季的生长极为有利。

（二）灌溉方法

1. 地面灌水

是传统的方法，在生产中应用最普遍，投资少，简便易行。不足是耗水量大，水资源浪费严重。

2. 设施灌溉

通过灌溉设备进行灌水，是现代先进的灌水方法，具有省水、省工、保土、保肥、受栽培环境影响小等特点。影响其发展的因素主要是投资大。

第五节　整形修剪

在果树管理生产中，整形修剪是一项十分重要且较难掌握的技术。该项技术措施的运用是根据果树的生物学特性、自然环境条件、经济条件、栽培制度和管理技术水平进行操作的。

一、整形修剪的作用、原则和依据

（一）整形修剪的作用

1. 提早结果，延长结果寿命

通过修剪加速树冠形成，有利于早结果。采用开张角度、轻剪等修剪措施可促进果树成花早结。合理的整形修剪，保持合适的主从关系，培养牢固的树冠骨架。通过修剪可延长树体的结果年限。

2. 提高产量，克服大小年

通过合理整形，促进果树立体结果。通过修剪调节生长势，促进或抑制花芽形成，调节生长枝与结果枝的比例，控制花芽数量等，都可以协调生长与结果，克服大小年，提高产量。

3. 改善树体通风透光，提高果实品质

通过修剪，剪除病虫枝、密生枝、重叠交叉枝等，使树冠枝条分布合理，通风及光照良好，可增进果实着色和风味，合理的结果量，可增大果形，提高品质。同时可减少病虫害。

4. 提高工作效率，降低成本

通过修剪控制树冠高度、大小等，有利于果园的多项管理工作，如打药、施肥灌水、采摘等的进行，提高劳动效率，降低生产成本、减少消耗。

（二）整形修剪的原则

整形的基本原则是"因树修剪，随枝作形，有形不死，无形不乱"。整形中要做到"长远规划，全面安排，平衡树势，主从分明"。既要重视树形基本骨架的建造，又要根据具体情况随枝就势诱导成形；既重视早结、早丰产，又要重视树体骨架的牢固性和后期丰产，做到整形结果两不误。

修剪的原则是"以轻为主，轻重结合，因树制宜"。这就是说，修剪量和修剪程度总的要轻，尤其是在盛果期以前，应做到"抑强扶弱，正确促控，合理用光，枝组健壮，高产优质"。轻剪固然有利于生长，缓和树势和结果，但为了骨架的建造，又必须对部分延长枝和辅养枝进行适当控制。轻重结合的具体运用，能有效地促进幼树向初果期、初果期向盛果期的转化，也有利于复壮树势，延长结果年限。

（三）整形修剪的依据

1. 树种、品种的特性

不同树种品种的生长结果习性不同，其整形修剪方法也不同。必须根据果树的生长结果特性，因势利导，进行修剪，才能取得良好效果。如以短果枝结果为主的果树（梨、苹果、李等），应长放以培养短果枝；以长果枝结果的果树（桃、柿等），应短截来培养长果枝。对成枝力强的，应多疏少截。

2. 环境条件和栽培技术

对同一树种和品种来说，环境条件和栽培技术不同则生长结果也不同。因此，整形修剪时必须考虑当地气候、土肥水条件、栽植密度、砧木种类、树体生长状况及机械管理等情况。如在生长季节长，高温多雨，或地势平坦，土层深厚，肥水充足的地方，果树生长旺，枝多冠大，宜采用大型树冠，定干可高些，修剪要轻。栽培水平高，应轻剪多留花芽。

3. 修剪反应

修剪反应是合理修剪的重要依据。修剪前要了解去年修剪后枝条生长情况和树体的表现，弄清修剪反应后才可能进行正确的修剪。

4. 经济效益

果树修剪还要考虑是否节省劳力，要尽可能地简易省工，降低消耗，提高经济效益。

二、果树整形

根据果树的生长发育规律，从果园的群体结构出发，培养良好的丰产优质的树体结构。总结各地整形经验和当前发展趋势，结合树种和品种特性，因地制宜确定丰产优质、便于管理的树形。现将生产上常用的主要树形介绍如下（图3-1和图3-2）。

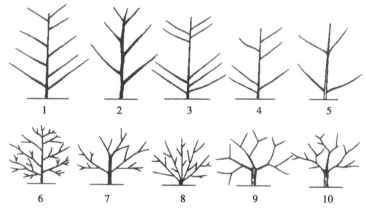

图3-1 果树主要树形示意图（1）

1. 主干形；2. 变则主干形；3. 层形；4. 疏散分层形；5. 十字形；
6. 自然圆头形；7. 自然开心形；8. 丛状形；9. 杯状形；10. 自然杯状形

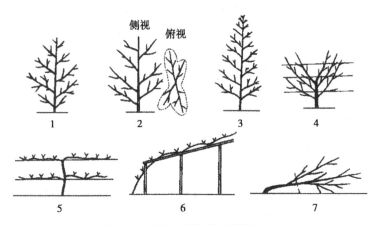

图 3-2 果树主要树形示意图（2）

1. 纺锤形；2. 扇形；3. 圆锥形；4. 棕榈叶形；
5. 双层篱架形；6. 棚架形；7. 匍匐形

1. 有中心干形

适用于干性强的树种和品种，如苹果、梨、柿、板栗、核桃等。树形特点：保留中心干，主枝分布较多。常用的有：主干形、疏散分层形（主干疏层形）、多中心干形、十字形、圆柱形、纺锤灌木形等。

2. 无中心干形

适用于对光照要求高，干性较弱的树种和品种，如核果类、柑橘等。树形特点：无中心干，主枝少，分布较集中，树冠矮。常用的有：自然圆头形、自然开心形、多主枝自然形、主枝开心圆头形、丛状形等。

3. 篱架形

常用于蔓性果树、苹果和梨的矮化栽培。主要树形有：双层棚篱架形、棕榈叶形、斜脉形等。

4. 树篱形

常用于矮化栽培。特点是：树冠株间相接，呈绿篱状，行间较宽，有利于光照和果园操作。根据单株树体结构，可分为自然树篱形、扁纺锤形、自然扇形等。

5. 无骨干形

超密栽植时便于机械化操作的树形。全树只有一个枝组，没有骨干枝，栽后一二年就可收获大量果实。

三、果树修剪

（一）修剪时期

1. 休眠期修剪

休眠期修剪又称冬季修剪，落叶果树从秋季落叶后至春季萌芽前，常绿果树从秋冬果实采收后至春季萌芽前进行的修剪。落叶果树一般在休眠期间，一二年生枝梢内营养物质含量较少，此时修剪养分损失较少。常绿果树冬剪时期宜在春梢抽生前进行，因此时叶片中的氮、磷、钾含量较低，可减少养分损失。

2. 生长期修剪

生长期修剪又称夏季修剪，是指从春季萌芽至落叶果树秋冬落叶前或常绿果树晚秋梢停长前进行的修剪。生长期修剪可缓和树势，改善光照条件，促进开花结果。根据修剪内容和目的，可按果树年周期内不同物候期进行，如在萌芽后进行抹芽；在开花结果期可进行摘心、疏花疏果、疏梢等。

（二）修剪方法及反应

1. 短截

短截是剪掉一年生枝条的一部分。短截可分为轻短截、中短截、重短截、极重短截等。

（1）轻短截。剪去枝条的 1/4~1/3。目的是削弱枝条的顶端优势，截后易形成较多的中、短枝，单枝生长较弱，但总生长量大，母枝加粗生长快，能缓和生长势，利于花芽分化。

（2）中短截。剪去枝条的 1/3~1/2。截后多形成较多中、长枝，生长势强，枝条加粗生长快，有利于树冠延伸及恢复枝条生长势。一般多用于延长枝上和复壮枝势。

（3）重短截。剪去枝条的 2/3~3/4。截后对局部刺激大，萌发的侧枝少，但生长较旺，多用于缩小树体，培养枝组，改造徒长枝和竞争枝。

（4）极重短截。只保留基部 1~3 个不饱满芽，其余的剪掉。截后萌发 1~3 个弱枝，多用于处理竞争枝，降低枝位，或用于短枝型修剪。

2. 疏枝

疏枝又称疏剪，将枝条从基部全部剪掉称为疏枝。对剪口上部的枝条有削弱作用，而对剪口下的枝条有一定的促进作用。它对剪口附近母枝上的腋芽没有明显的刺激作用，也不会增加母枝上的分枝数，只能使分枝数减少。疏剪主要是疏去内膛过密枝，以减少树冠内枝条的数量，调节枝条均匀分布，为树冠创造良好的通风、透光条件，减少病虫害，避免树冠内部光腿现象，减少全树芽数，防止新梢抽生过多而消耗过多营养，利于花芽分化，此外应疏除竞争枝、徒长枝、根蘖枝、枯枝、病虫枝等。

3. 回缩

回缩又称缩剪，剪去多年生枝条的一部分称为回缩。修剪量大，对树体刺激大。它可降低顶端优势的位置，改善光照条件，使多年生枝基部更新复壮。在缩剪时常常因伤口影响下枝长势，需暂时留适当的保护桩；待母枝长粗后，再把桩疏掉。

4. 缓放

缓放又称长放、甩放。对一年生枝条不剪任其生长称为缓放。枝条缓放后，下部易发生中、短枝，停止生长早，利于花芽形成。缓放用于中庸枝、平生枝、斜生枝效果更好。对于幼树的骨干枝的延长枝或背生枝、徒长枝不能缓放。弱树也不宜多用缓放。

5. 摘心

在生长季摘去新梢的顶端幼嫩部分称为摘心。可抑制其继续生长，促使枝条木质化，促进分枝，同时削弱了顶端优势，有利于树冠形成。新梢旺盛生长期摘心可促生二次枝，有利于扩大树冠，对幼树可促其分枝，加快分枝级数，提早结果。葡萄花前花后摘心，可提高坐果率和促进果实膨大。

6. 抹芽、疏梢

抹去嫩芽称为抹芽或除萌，疏除过密的新梢称为疏梢。常用于柑橘、葡萄、桃、老树更新除萌蘖等。可选优去劣，节约养分，改善光照，提高留用枝的质量，促进枝梢生长。

7. 刻伤

包括目伤和纵伤。用刀横割枝条的皮层，深达木质部称刻伤。在枝芽上方刻伤，可以促进其生长；在其下方刻伤可以控制其生长，促进花芽形成，提高坐果率和充实枝条生长。其目的是调节骨干枝的长势和增加枝梢数量（图3-3）。

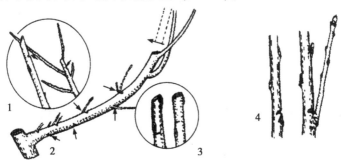

图 3-3　刻伤及其应用

1. 里芽外蹬，抑制上芽；2. 光腿枝刻伤，以促发枝；
3. 芽上芽下刻伤；4. 芽上刻伤及发枝状

8. 扭梢、拿枝和曲枝

扭梢是将旺梢向下扭曲或将其基部旋转扭伤。拿枝用手对旺梢自基部到顶部捋捋，伤及木质部，响而不折。扭梢和拿枝都可阻碍养分运输，缓和生长，提高萌芽率，促进中短枝和花芽形成，提高坐果率和促进果实生长。曲枝是改变枝条生长方向、空间位置，缓和枝条生长势的方法。是将直立的枝条，引向水平和其他方向的空间，可以加大枝条角度，扩大树冠，改善光照，充分利用空间。曲枝能抑制枝条生长，促进花芽分化。曲枝后，应及时抹芽，以防枝下部抽生直立旺枝（图3-4）。

图3-4　扭梢

9. 环剥

环剥是将枝干韧皮部剥去一环。主要是阻止了韧皮部的运输，使被剥枝条从上向下运输受阻，从而调节了被剥部以上枝条的生长，减缓了生长势，利于成花。具有类似作用的还有环割、绞缢、环状倒贴皮、大扒皮等。

环剥的时间通常在春末夏初，新梢停止生长前后，已有一定的叶面积形成时进行，可有利于花芽分化；为促进基部萌发抽枝，则在萌动前高位环剥，使基部隐芽萌发。

环剥的程度是指环剥的宽度及深度。

其宽度常以环剥处枝条直径的1/10的宽度。太宽，则不能愈合而至死亡，太窄，起不到削弱生长势的作用。而深度则以除去韧皮部不能伤及木质部为宜，如伤及木质部，严重时会使环剥处以上整个枝条枯死。

进行环剥后，为了提高被剥枝梢上部枝叶中含氮量，应进行多次根外追肥。追肥以氮为主，可以提高其效果，并可防止叶片发黄和提早落叶。

（三）修剪技术的综合运用

（1）调节枝条角度。通过选留斜生枝、剪口芽留下芽、里芽外蹬、拉枝、拿枝、扭梢等方法加大枝条角度；反之，可减小枝条角度。

（2）调节花芽量。采用长放、拉枝、环剥、扭梢、轻短截、摘心等修剪方法可以增加花芽量；采用重短截、中短截、疏剪花芽等可减少花芽量。

（3）调节树体生长势。对于树势强的应冬轻夏重，延迟冬剪，采用长放、拉枝、扭梢、摘心等缓和生长势的修剪方法，多疏少截，去强留弱、去直留斜、多留果枝，抑制生长；反之，对于树势弱的可增强树势。

第六节　花果管理

花果管理，是指直接对花和果实进行管理的技术措施。其内容包括生长期中的花、果管理技术和果实采收及采后处理技术。花果管理是果树现代化栽培中重要的技术措施。采用适宜的花果管理措施，是果树连年丰产、稳产、优质的保证。本任务将以稳产优质为中心，重点讲述保花保果和疏花疏果技术。

一、保花保果

坐果率是产量构成的重要因素。提高坐果率，尤其是在花量少的年份提高坐果率，使有限的花得到充分的利用，在保证果树丰产稳产上具有极其重要的意义。绝大多数果树的自然花朵坐果率很低。例如，苹果、梨的最终花朵坐果率为15%左右，桃、杏为 5%~10%，柑橘类为 1%~4%；枣最低，仅有 0.13%~0.4%。因此，即使是在花量较多的月份，如不采取保花保果措施，也常会出现"满树花，半树果"的情况。提高坐果率的措施如下。

（一）提高树体贮藏营养水平

（1）树体的营养水平，特别是贮藏营养水平对花芽质量有很大影响。许多落叶果树的花粉和胚囊是在萌芽前后形成的，此时树体叶幕尚未形成，光合产物很少，花芽的发育及开花坐果主要依赖于贮藏营养。贮藏营养水平的高低，直接影响果树花芽形成的质量、胚囊寿命及有效授粉期的长短等。因此，凡是能增加果树贮藏营养的措施，如秋季促使树体及时停止生长、尽量延长叶片寿命和光合作用的时间等都可采取。

（2）合理调整养分分配方向。果树花量过大、坐果期新梢生长过旺等都会消耗贮藏的养分，从而降低坐果率。采用花期摘心、环剥、疏花等措施，能使养分分配向有利于坐果的方面转化，对提高坐果率具有显著的效果。

（3）对贮藏养分不足的树，在早春施速效肥，如在花期喷施尿素、硼酸、磷酸二氢钾等，也是提高坐果率的有效措施。

（二）保证授粉质量

（1）人工辅助授粉。借助人工辅助授粉可提高果树坐果率。果树花期遇到阴雨、大风、低温天气，蜜蜂等昆虫活动受阻，或因果园品种单一、授粉品种不足，或花期不遇等都影响自然授粉。即使在正常的环境和气候条件下，进行人工辅助授粉，对于促进果个增大、端正果形及提高品质等方面仍具有显著效果。因此，在苹果、梨、橙、柚、荔枝等果树上，人工辅助授粉已成为一项常规技术措施。授粉用的花粉应在授粉前（2~3d）采集。选择授粉品种亲和力强、花粉量大而生活力高的品种，于大蕾期（气球期）采花蕾，以人工或机具搓揉花朵、过筛，收集花药，摊放在通风避光处阴干，温度维持在 20~25℃，相对湿度为60%~80%，一般经 24~48h，花药即裂开，此时收集花粉，干燥后将其放入玻璃瓶中，并在低温、避光、干燥条件下保存备用。

需长期保存时，应将花粉充分干燥，封于玻璃瓶或塑料袋内，避光保存在 0～4℃ 的干燥环境中，最好放于有干燥剂的干燥器中存放。

授粉是在初花期开始，并随花期的进程及时授粉的。授粉方法有人工点授、机械喷粉、液体授粉等。人工点授是指用授粉工具将花粉直接点放在柱头上的授粉技术。人工点授在整个花期中至少应进行 2～3 遍，每个花序只授 1～2 朵花或间隔花序授粉，而对坐果率低的树种、品种或花量少的年份，应多花、多次授粉。机械授粉是借助喷粉机器于花期喷撒花粉的辅助授粉技术。具体方法是在花粉中加入 100～300 倍的滑石粉或淀粉，混匀后装入农用喷粉器，均匀喷撒在花器上。如果只进行一次喷粉，则应在盛花期进行。填充剂易吸水，造成花粉破裂，因此应现用现混合，混合后应在 4h 内喷完。液体授粉是指将花粉制成花粉混合液进行喷雾授粉。一般是将花粉配成 5%～10% 的蔗糖溶液，用喷雾器于盛花期喷洒花的柱头，蔗糖溶液可防止花粉在溶液中破裂。为增加花粉活力，可在溶液中加 0.1% 的硼酸或硼砂。硼酸或硼砂在用前再混入。因混后 2～4h 花粉便可以发芽，为此溶液配好后应在 2h 内喷完。

（2）果园放蜂。果园放蜂是一种很好的授粉方法。果树花期时在果园内放养一定量的蜜蜂，通过蜜蜂传粉实现辅助授粉的技术。对于虫媒花果树（如苹果、梨、桃等），在果园内放养蜜蜂是我国常用的辅助授粉方法。一般每 0.3～0.5hm² 放一箱蜂，即可达到良好的效果。果园放蜂应注意：蜂箱要在开花前 3～5d 搬到果园中，以保证蜜蜂顺利适应新环境，在盛花期到来时能够正常出箱活动；在果园放蜂期间，切忌喷施农药，以防蜜蜂受毒害；当花期遇阴雨、大风或低温天气时，蜜蜂不出箱活动，会影响授粉效果，应配合人工辅助授粉。

（三）应用植物生长调节剂

施用某些植物生长调节剂，可以提高果树坐果率。目前应用较多的有赤霉素、萘乙酸、脲等。在应用生长调节剂时要注意，不同的调节剂，或同一种调节剂在不同树种上使用，其作用差别很大，第一次使用新的生长调节剂时必须进行小面积试验，以免造成损失。

（四）改善环境条件

花期是果树对气候条件最敏感的时期，如遇恶劣天气，往往会造成大幅度减产。在果园种植防风林是改善果园小气候的有效措施。此外，通过早春灌水，可推迟果树开花的时间，躲过晚霜的为害，减少损失。果实套袋、树冠上用塑料薄膜覆盖等措施可提高坐果率。

二、疏花疏果

疏花疏果是及时疏除过量花果，保证合理留果量，以保持树势稳定，实现稳产、高产、优质的一项技术措施。果树开花坐果过量，会消耗大量贮藏营养，加剧幼果之间的竞争，导致大量落花落果；果实过多还会造成营养生长不良，光合产物供不应求，影响果实正常发育，降低果实品质，削弱树势，降低抵抗逆境的能力。

（一）疏花疏果的时期

理论上讲，疏花疏果进行得越早，节约贮藏养分就越多，对树体及果实生长也越有利。但在实际生产中，应根据花量、气候、树种、品种及疏除方法等具体情况来确定疏除时期，以保证足够的坐果为原则，适时进行疏花疏果。

（二）疏花疏果的方法

疏花疏果分为人工疏花疏果和化学疏花疏果两种。

（1）人工疏花疏果。人工疏花疏果是目前生产上常用的方法。优点是能够准确掌握疏除程度，选择性强，留果均匀，可调整果实分布。缺点是费时费工，增加生产成本，不能在短时期完成。

人工疏花疏果一般在了解成花规律和结果习性的基础上进

行，为了节约贮藏营养，减少"花而不实"，以早疏为宜，"疏果不如疏花，疏花不如疏花芽"，所以人工疏花疏果一般分三步进行。第一步，疏花芽。即在冬剪时，对花芽形成过量的树进行重剪，着重疏除弱花枝、过密花枝，回缩串花枝，对中、长果枝破除顶花芽；在萌动后至开花前，再根据花量进行花前复剪，调整花枝和叶芽枝的比例。第二步，疏花。在花序伸出至花期，疏除过多的花序和花序中不易坐优质果的次生花。疏花一般是按间距疏除过多、过密的瘦弱花序，保留一定间距的健壮花序；对坐果率高的树种和品种可以进一步对保留的健壮花序只保留1~2个健壮花蕾，疏去其余花蕾。第三步，疏果，在落花后至生理落果结束之前，疏除过多的幼果。依据树体负载量指标，人工调整果实在树冠内的留量和分布的技术措施，是疏花疏果的最后程序。定果的依据是树体的负载量，即依据负载量指标（枝果比、叶果比、距离法、干周及干截面积法等），确定单株留果量，以树定产。

（2）化学疏花疏果。化学疏花疏果是在花期或幼果期喷洒化学疏除剂，使一部分花或幼果不能结实而脱落的方法。优点是省时省工、成本低、疏除及时等。缺点是因疏除效果受诸多因素的影响，或疏除不足，或疏除过量，从而致使这项技术的实际应用有一定的局限性。

化学疏花疏果分为化学疏花和化学疏果。化学疏花常用药剂有二硝基邻甲苯酚及其盐类、石硫合剂等。化学疏果常用药剂有西维因、萘乙酸和萘乙酰胺、敌百虫、乙烯利等。

第四章　苹果生产技术

苹果至今已有 2 000 多年的栽培历史。苹果外观艳丽，营养丰富、供应期长、耐储藏，又有较广泛的加工用途，能满足人们对果品的多种需求。

第一节　生长结果习性

一、根系

根系分布受砧木和土壤理化性状的影响。乔化砧木根系分布在 15~60cm 的土层内，矮化砧分布在 15~40cm 的土层内。土温达 3℃时开始生长，7℃时生长加快，20~24℃最适合根系生长。苹果根系一年有 3 次生长高峰。土壤含水量达到田间持水量的 60%~80%最适合苹果根系生长。

二、芽

苹果的芽按性质分为叶芽、花芽两种。苹果的花芽为混合芽。叶芽萌发要求的平均温度为 10℃左右。花芽是 8℃以上时开始萌动。

三、枝

枝一年有两次明显的生长高峰，称为春梢和秋梢。

四、开花与结果

苹果的花芽分化，多数品种都是从 6 月上旬（短果枝和中果枝停止生长）开始至入冬前完成。花序为伞房状聚伞花序。每花序开花 5~8 朵，中心花先开，边花后开，以中心花的质量最好，坐果稳，结果大，疏花疏果时应留中心花和中心果。苹果树长、中、短果枝均能结果，盛果期以短果枝结果为主。

苹果是异花授粉植物，大部分品种自花不能结实。苹果一般有 4 次落花落果。第一次在末花期，称为落花。原因是未能受精的花。第二次在落花后 2 周左右，子房略见增大，可持续 5~20d，称为前期落果，原因是受精不完全。第三次在第二次落果后的 2~4 周，北方的物候期发生在 6 月，故称"6 月落果"，新梢生长与果实生长竞争养分。第四次在果实采收前 3~4 周，落下成熟或接近成熟的果实，故称采前落果。

五、果实生长发育

苹果的果实是由子房和花托发育而成的假果。果实的发育只有一次生长高峰。呈单"S"形生长曲线。生长过程分为果肉细胞分裂期和细胞体积膨大期。

六、对外界气候条件的要求

苹果属低温干燥的温带果树，要求冬无严寒，夏无酷暑。适宜的温度范围是年平均气温 9~14℃，年平均温度在 7.5~14℃ 的地区，都可以栽培苹果。苹果需要土壤深厚，排水良好，含丰富有机质，微酸性到微碱。适宜的 pH 值为 5.7~7.5。土壤含水量达到田间持水量的 60%~80% 为宜。生长后期维持在 50% 左右。苹果是喜光树种，光照充足，才能生长正常。日照不足，花芽分化少，营养贮存少，开花坐果率低，果实含糖量低，着色差。

第二节　优良品种选择

我国引进和选育的栽培品种有 250 个，用于商品栽培的主要品种只有 20 个左右。

早熟品种主要有：早捷、藤牧 1 号、新嘎啦、珊夏等，阴历 5 月中旬成熟。

中熟品种有：美国 8 号、元帅系、津轻、金冠、新乔纳金等，阴历 8 月初成熟。

晚熟品种主要有：着色富士系、王林、澳洲青苹、短枝富士等，阴历 9 月上中旬成熟。以上品种分矮化和长枝两种，密植高产，果形果色优良，甜度高，季节性强，正规管理当年培养花芽，可二年结果，三年大幅增产。

第三节　建园栽植

一、选地与准备

苹果对土壤适应性较强，要求土层深厚、肥沃、富含有机质、排水良好的微酸性至中性地块建园。苹果植地选好后，在建园时，要重视修建排灌水沟，使到旱天有水可灌，雨季涝能排。种植前要做好深耕细耙，碎土，去除杂草，接着进行挖穴，穴深 80cm，直径 100cm，挖好后，待土壤熟化，就进行回土入穴，在回土前要在穴内放入厩肥 50kg，并将厩肥与土混合，待以栽植。

二、栽植时期

秋栽有利苗木伤根恢复，成活率高，恢复生长早。

三、栽植密度

对于肥沃园地每 667m² 栽植 28 株，一般园地栽植 32 株，而瘠薄园地栽植 50 株即可。

第四节　苹果栽培管理技术

一、萌芽期

（1）萌芽前整地、中耕除草。全园喷1次杀菌剂，可选用10%果康宝、30%腐烂敌或腐必清、3~5波美度石硫合剂或45%晶体石硫合剂。

（2）花芽膨大期，对花量大的树进行花前复剪；追施氮肥，施肥后灌一次透水，然后中耕除草。丘陵山地果园进行地膜覆盖穴贮肥水。

（3）花序伸出至分离期，按间距法进行人工疏花，同时，疏去所留花序中的部分边花。全树喷50%多菌灵可湿性粉剂（或10%多抗霉素、50%异菌脲）加10%吡虫啉。上年苹果棉蚜、苹果瘤蚜和白粉病发生严重的果园，喷一次吡虫啉加硫磺悬浮剂。

（4）随时刮除大枝、树干上的轮纹病瘤、病斑及腐烂病和干腐病病皮，并涂腐植酸铜水剂（或腐必清、农抗120、843康复剂）杀菌消毒。

二、开花期

（1）人工辅助授粉或果园放蜂传粉，蜜蜂授粉。

（2）盛花期喷1%中生菌素加300倍液硼砂防治霉心病和缩果病；喷保美灵、高桩素以端正果形，提高果形指数；喷稀土微肥、增红剂1号促进苹果增加红色；花量过多的果园进行化学疏花。

（3）对幼旺树的花枝采用基部环剥或环割，提高坐果率。

三、幼果期

（1）花后及时灌水1~2次。结合喷药，叶面喷施0.3%尿素或氨基酸复合肥、0.3%高效钙2~3次。清耕制果园行内及时中耕除草。

（2）花后7~10d，喷1次杀菌剂加杀虫杀螨剂。可选用50%多菌灵可湿性粉剂（或70%甲基硫菌灵）加入四螨嗪或三唑锡。花后10d开始人工疏果，疏果需在15d内完成。疏果结束后，果实套袋前2~3d，全园喷50%多菌灵可湿性粉剂（或70%代森锰锌可湿性粉剂、50%异菌脲可湿性粉剂）加入25%除虫脲或25%灭幼脲。施药后2~3d红色品种开始套袋，同一果园在1周内完成。监测桃小食心虫出土情况，并在出土时地面喷布辛硫磷等药液。

（3）夏季修剪。应及时疏除萌蘖枝及背上枝。对果台副梢和结果组中的强枝摘心，对着生部位适当的背上枝、直立枝进行扭梢。

四、花芽分化及果实膨大期

（1）采用1:2:200波尔多液、多菌灵、甲基硫菌灵、代森锰锌等杀菌剂交替使用。防治轮纹病、炭疽病，每隔15d左右喷药1次，重点在雨后喷药。斑点落叶病病叶率30%~50%时，喷布多抗菌素或异菌脲。未套袋果园视虫情继续进行桃小食心虫地面防治，然后在树上卵果率达1%~1.5%时，喷联苯菊酯或氯氟氰菊酯或杀铃脲悬浮剂，并随时摘除虫果深埋。做好叶螨预测预报，每片叶有7~8头活动螨时，喷三唑锡或四螨嗪。腐烂病较重的果园，做好检查刮治及涂药工作。

（2）春梢停长后，全园追施磷钾肥，施肥后浇水，以后视降水情况进行灌水。覆盖制果园进行覆盖，清耕制果园灌水后及时中耕除草，生草制果园刈割后覆盖树盘。晚熟品种在果实膨大期可追一次磷钾肥，并结合喷药叶面喷施2~3次0.3%磷酸二氢钾溶液。

（3）提前进行销售准备工作。早熟品种及时采收并施基肥。

（4）继续做好夏季修剪工作。

（5）山地果园进行蓄水，平地果园及时排水。

五、果实成熟与落叶期

（1）采收前 20～30d 红色品种果实摘除果袋外袋，经 3～5d 晴天后摘除内袋。同时采前 20d 全园喷布生物源制剂或低毒残留农药，如 1%中生菌素或百菌清或 27%铜高尚悬浮剂，用于防治苹果轮纹病和炭疽病。树干绑草把诱集叶螨。果实除袋后在树冠下铺设反光膜，同时进行摘叶、转果。秋剪疏除过密枝和徒长枝，剪除未成熟的嫩梢。

（2）全园按苹果成熟度分期采收。采前在苹果堆放地，铺 3cm 细沙，诱捕脱果做茧的桃小食心虫幼虫。采后清洗分级，打蜡包装。黄色品种和绿色品种可连袋采收。

（3）果实采收后（晚熟品种采收前）进行秋施基肥。结合施基肥，对果园进行深翻改土并灌水。检查并处理苹果小吉丁虫及天牛。拣拾苹果轮纹病和炭疽病的病果。

（4）落叶后，清理果园落叶、枯枝、病果。土壤封冻前全园灌防冻水。

六、休眠期

（1）根据生产任务及天气条件进行全园冬季修剪。结合冬剪，剪除病虫枝梢、病僵果，刮除老粗翘皮、枝干残留的病瘤、病斑，将树下的病残组织及时深埋或烧毁。然后全园喷 1 次杀菌剂，药剂可选用波尔多液、农抗 120 水剂、菌毒清水剂、3～5 波美度石硫合剂或 45%晶体石硫合剂。

（2）进行市场调查。制定年度果园生产计划，准备肥料、农药、农机具及其他生产资料，组织技术培训。

第五章　梨生产技术

梨在中国有几千年的栽培史。既营养丰富，又具很高的医用价值。

第一节　生长结果习性

一、根系

根系分布较深，达 2m 以上，但大量的水平骨干根和须根分布在距地面 15~40cm 处。根系生长有两次高峰：第一次高峰在 6 月上中旬，新梢停止生长时；第二次高峰在 9 月中下旬，果实采收后。

二、花芽

梨花芽分化的时期在 6 月上旬至 7 月下旬；先开花后展叶，先边花后中间花；大部分品种自花不实；大多花芽顶生。

三、果实

坐果率高，易形成大小年；果柄较长，易受风灾，果实重（大多品种在 250~400g），易受风害脱落。

四、枝

分为生长枝和结果枝。结果枝又分为长果枝、中果枝和短果枝。

五、开花习性

梨花为伞形或伞房花序，在一个花序中外围花先开，中心花后开，一花序着生 5~9 朵，每朵花有花瓣 5~6 个。开花需在10℃以上气温。气温低，湿度大，开花慢，花期长。而气温干燥，阳光充足，则开花快，花期短。

梨树是自花不实的树种，需要适当配置授粉树，才能达到受精坐果。在生产实践中常看到受精后梨果实形状、色泽、品质上有一定的变化，这种变化称为花粉直感现象，可见正确选择授粉树和辅助授粉十分重要。

梨在年周期中一般有 3 次落花落果，第一次是落花，第二次是落果，出现在落花后，第三次在第一次落果后 1 周左右，这次落果多在 5 月上旬发生。引起落花落果的原因，第一、第二次主要是授粉受精不完全而产生落花落果，第三次落果虽与前者有关，但主要是营养和水分不足，土壤管理不善或氮肥过多，夏梢过量，引起梢与果争夺养分矛盾，均会造成大量落果。

第二节　优良品种选择

我国栽培梨的四大系统。

一、白梨系统

原产黄河流域，500 多个品种，著名的有鸭梨、雪花梨、苹果梨、库尔勒香梨、贡梨等。

二、砂梨系统

原产于长江以南和日本、韩国。有黄金梨、水晶梨、幸水、丰水、晚三吉梨、黄金 20 世纪、新世纪等。

三、秋子梨系统

原产于东北等地，现有 150 多个品种，著名的有南果梨、京白梨、鸭广梨。

四、西洋梨系统

原产于欧美等国，抗寒力较低，易生病。如巴梨、茄梨、贵妃梨等。

第三节　梨园建立

一、园地选择

选择较冷凉干燥，有灌溉条件交通方便的地方，梨树对土壤适应性强，以土层深厚、土壤疏松肥沃、透水和保水性强的沙质壤土最好。

二、授粉树配置

梨大多数品种自花不实，必须配置其他品种作授粉树，授粉品种应选择与主栽品种亲和力强、花期相同或相近、花粉量多、发芽率高，并与主栽品种互为授粉树的优质丰产品种，一个主栽品种宜配1~2个授粉品种，比例为（3~4）：1。

三、苗木定植

（1）定植时期。一般秋季10月定植最好，也可在春季梨苗萌芽前定植。

（2）栽植密度。株行距（2.0~2.5）m×（4~5）m。

（3）苗木准备。选用苗高1m以上，干径1cm以上，嫁接口愈合良好，根系发达，无病虫害的优质壮苗，苗木根系注意保湿。

（4）定植。在改土后挖大穴，将苗木根系舒展、均匀放于坑中，然后回填细表土，边填土边提苗，再踏实，使根系与土壤接触紧密，使嫁接口与土面水平，灌足定根水，待下渗后，再盖一层干细土，用黑色塑料薄膜或稻草覆盖保湿。

第四节 梨树栽培管理技术

一、休眠期

（1）制订果园管理计划。准备肥料、农药及工具等生产资料，组织技术培训。

（2）病虫害防治。刮树皮，树干涂白。清理果园残留病叶、病果、病虫枯枝等，集中烧毁。

（3）全园冬季整形修剪。早春喷布防护剂等防止幼树抽条。

二、萌芽期

（1）做好幼树越冬的后期保护管理。新定植的幼树定干、刻芽、抹芽。根基覆地膜增温保湿。

（2）全园顶凌刨园耙地，修筑树盘。中耕除草。生草园准备播种工作。

（3）及时灌水和追肥。宜使用腐熟的有机肥水（人粪尿或沼肥）结合速效氮肥施用，满足开花坐果需要，施肥量占全年20%左右。若按每 $667m^2$ 定产 2 000kg，每产 100kg 果实应施入氮 0.8kg，五氧化二磷 0.6kg、氧化钾 0.8kg 的要求，每 $667m^2$ 施猪粪 400kg，尿素 4kg，猪粪加 4 倍水稀释后施用，施后全园春灌。

三、开花期

（1）注意梨开花期当地天气预报。采用灌水、熏烟等办法预防花期霜冻。

（2）据田间调查与预测预报及时防治病虫害。喷 1 次 10% 吡虫啉可湿性粉剂 2 000 倍液等，防治梨蚜、梨木虱。剪除梨黑星病梢，摘梨大食心虫、梨实蜂虫果，利用灯光诱杀或人工捕捉金龟子、梨茎蜂等害虫。悬挂性诱捕器或糖醋罐，测报和诱杀梨小食心虫。落花后喷80%代森锰锌可湿性粉剂800倍液防治黑星病。梨木虱、梨实蜂严重的梨园加喷10%吡虫啉可湿性粉剂1 000~1 500倍液。

（3）花期放蜂、人工授粉、喷硼砂。做好疏花。

四、新梢生长与幼果膨大期

（1）生长季节可选用异菌脲可湿性粉剂1 000~1 500倍液等防治黑星病、锈病、黑斑病。选用10%吡虫啉可湿性粉剂1 500倍液或苏云金芽孢杆菌、浏阳霉素等防止蛾类及其他害虫。及时剪除梨茎蜂虫梢和梨实蜂、梨大食心虫等虫果，人工捕杀金龟子。

（2）果实套袋。在谢花后15~20d喷施1次腐植酸钙或氨基酸钙，在喷钙后2~3d集中喷1次杀菌剂与杀虫剂的混合液，药液干后立即套袋。

（3）土肥水管理。树体进入"亮叶期"后施肥，土施腐熟有机肥水（人粪尿或沼液等）或速效氮肥，适当补充钾肥（加草木灰等），每667m² 施猪粪1 000kg、尿素6kg、硫酸钾20kg，并灌水。并根据需要进行叶面补肥。同时进行中耕除草，树盘覆草。

（4）夏季修剪。抹芽、摘心、剪梢、环割或环剥等调节营养分配，促进坐果、果实发育与花芽分化。

五、果实迅速膨大期

（1）保护果实，注重防治病虫害。病害喷施杀菌剂，如1∶2∶200波尔多液、异菌脲（扑海因）可湿性粉剂1 000~1 500倍液等。防虫主要选用10%吡虫啉可湿性粉剂1 500倍液、20%灭幼脲3号每667m² 25g、1.2%烟碱乳油1 000~2 000倍液、2.5%鱼藤酮乳油300~500倍液或0.2%苦参碱1 000~1 500倍液等。

（2）土肥水管理。追施氮、磷、钾复合肥，施后灌水，促进果实膨大。结合喷药多次根外追肥。干旱时全园灌水，中耕控制杂草,树盘覆草保墒。

(3)夏季修剪。疏除徒长枝、萌蘖枝、背上直立枝,对有利用价值和有生长空间的枝进行拉枝、摘心。幼旺树注意控冠促花,调整枝条生长角度。

(4)吊枝和顶枝。防止枝条因果实增重而折断。

六、果实成熟与采收期

(1)红色梨品种。摘袋透光,摘叶、转果等促进着色。

(2)防治病虫害,促进果实发育。喷异菌脲可湿性粉剂1 000~1 500倍液,同时混合代森锰锌可湿性粉剂800倍液等。果面艳丽、糖度高的品种采前注意防御鸟害。

(3)叶面喷沼液等氮肥或磷酸二氢钾。采前适度控水,促进着色和成熟,提高梨果品质。采前30 d停止土壤追肥,采前20 d停止根外追肥。

(4)果实分批采收。及时分级、包装与运销。

(5)清除杂草,准备秋施基肥。

七、采果后至落叶

(1)土壤改良,扩穴深翻,秋施基肥。每667 m^{2}秋施秸秆2 000 kg,猪粪600 kg、钙镁磷肥30 kg,加适量速效肥和一些微肥。

(2)幼旺树要及时控制贪青生长。促进枝条成熟,提高越冬抗寒力。

(3)土壤封冻前灌一次透水,促进树体安全越冬。

(4)叶面喷布5%菌毒清水剂600倍液加吡虫啉3 000倍液加0.5%尿素等保护功能叶片。树干绑草诱集扑杀越冬害虫。落叶后扫除落叶、杂草、枯枝、病腐落果等,并深埋或烧毁。树干涂白。

第六章　桃生产技术

桃果实风味优美，营养丰富，具特殊香味，为夏秋季市场上的主要鲜销果品，是我国主要果树之一。适应性强，栽培容易，结果早，易丰产。

第一节　生长结果习性和对环境条件的要求

一、生长结果习性

桃为落叶小乔木。根系属浅根性，生长迅速，伤后恢复能力强。芽具有早熟性，萌发力强，在主梢迅速生长的同时，其上侧芽能相继萌发抽生二次梢、三次梢。但在二次梢、三次梢上，无芽的盲节很多。桃的成枝力也较强，且分枝角常较大，故干性弱，层性不明显，中心主干易早期自然消失。不同品种间分枝角度不同，形成开张、半开张和较直立的不同树姿。隐芽少而寿命短，其自然更新能力常不如其他树种。

桃花芽容易形成，进入结果期早。树冠中长、中、短各类枝条均易成为结果枝，花芽为纯花芽。大部分桃品种能自花结实，异花授粉能提高结实率。

果实发育可分快—慢—快 3 个时期。其中第二期为硬核期，品种间差异较大，早熟品种仅 7~10d，常使胚发育不全，或形成软核。生理落果分前后两期。前期落果在花后 3~4 周内发生，主要是由于受精不完全所引起。后期落果是受精幼果的脱落，主要发生在硬核期开始的前后。此期正处于植株的养分转换期，落果与碳水化合物及氮素的供应不足有关，干旱也能促进脱落。但是，如果此期供应的氮素和水分过多，引起新梢徒长，器官间对养分的竞争加剧，则同样会导致落果。

二、对环境条件的要求

桃属喜温性的温带果树树种，适宜的年平均温度南方品种群为12~17℃，北方品种群为8~14℃。冬季通过休眠阶段时需要一定时期的相对低温，一般需0~7.2℃的低温750h以上，低温时数不足，休眠不能顺利通过，常引起萌芽开花推迟且不整齐，甚至出现花芽枯死脱落的现象。花期要求10℃以上的气温，如花期遇气温降至-11~-3℃时，花器就容易受到寒害或冻害。

桃性喜干燥和良好的光照。耐旱性极强，不耐涝，适宜于排水良好的壤土或沙壤土上生长。光照充足，则树势健壮，枝条充实，花芽形成良好；光照不足时，内膛枝条多易枯死，致结果部位很快外移。

第二节　主要种类和品种

桃的栽培品种很多，我国有1 000个左右。依成熟期可分为极早熟、早熟、中熟、晚熟和极晚熟五类；依果肉色泽可分为黄肉桃和白肉桃；依用途可分为鲜食、加工、兼用品种以及观花用的观赏桃等；依果实特征可分为普通桃、油桃、蟠桃三大类型。

一、普通桃品种

春艳、仓方早生、大久保、莱州仙桃、寒露蜜、冬雪蜜桃、春美、春蜜、北农早艳、北农晚艳、红冠、新川中岛、朱砂红、雨花露、冈山早生、砂子早生、北农2号等优良品种。

二、油桃品种

丽春、超红珠、春光、华光、瑞光1号、瑞光2号、瑞光3号、瑞光5号、中油16、中油14、中油13、518、五月火、曙光、艳光、早美光、潍坊 1 号、阿姆肯、中农金辉、中农金硕、早红艳、双喜红、早红珠、早红霞、早丰甜、丽格兰特等优良品种。

三、蟠桃品种

早露蟠桃、新红早蟠桃、早蜜蟠桃、碧霞蟠桃、蟠桃皇后、瑞蟠 2 号、瑞蟠 4 号、瑞蟠 13 号、瑞蟠 14 号、中农蟠桃 10 号、仲秋蟠桃、白芒蟠桃、撒花红蟠桃、陈圃蟠桃和油蟠桃品种红油蟠 1 号、红油蟠 2 号、红油蟠 3 号、玫瑰红等优良品种。

第三节 育苗和建园

一、育苗

生产上桃树育苗多用嫁接繁殖。砧木普遍用毛桃或山桃。进行矮化栽培时，可用毛樱桃、郁李作为桃的矮化砧。接穗以选用复芽或带有复芽的枝段为最佳。

种子秋播或春播都可以。秋播出苗整齐，出苗早，幼苗生长快而健壮，且可省去种子沙藏手续，一般在晚秋至初冬土壤结冻前进行。春播种子需经沙藏层积处理，毛桃需 100～120d，然后在种子萌动前播入土中。沙藏天数不足时影响发芽率。每 667m² 需种子 75～120kg，可育苗 8 000～10 000 株。也有先在苗床中集约播种育苗，而后再行移栽的。

桃秋季生长停止较苹果和梨为早，砧木生长速度也快，芽接时期早于苹果和梨，长江流域一般多在 7—8 月进行。如能提前至 6 月中旬以前芽接，成活后并采用折砧或两次剪砧的方法，可在当年成苗出圃。具体嫁接方法，过去采用 T 形芽接法为多，近年多用嵌芽接法。

夏秋来不及芽接或芽接未活的砧木苗，可用枝接法补接。枝接一般采用切接法。长江流域在秋季 9—10 月及翌年春萌芽前均可进行，淮北地区宜掌握在春季桃芽萌发之前。注意保持好接口和接穗剪口的湿度，是提高成活率的关键。

二、建园

桃树对土壤要求不严，一般土壤均可建园。盐碱土应先行改良，否则易患缺铁性黄叶病。土壤黏重的丘陵坡地应开沟建园，避免土壤下层积水。老园地重茬植桃，常导致树体生长不良、枝干流胶、叶片失绿、新根褐变等，严重时造成成片死树，建园时应予避免。

品种方面要因地制宜。城市近郊可多选软溶质的品种，早熟品种的比例也可大一些。城市远郊及山区适宜发展较耐储运的硬肉桃或硬溶质的品种。当果园中栽植不产生花粉或花粉少并缺乏生活力的一些品种时，一定要配植授粉品种。即使是自花能结实的品种，选用几个品种相互配植，也能提高结实率和产量。不同成熟期的品种还可避免劳力过分集中和延长鲜果的供应时期。

栽植密度根据品种生长势、土壤肥瘠和管理条件而定。一般平地株行距4~5m，山地株行距（3~4）m×（4~5）m。桃枝伸展速度快，特别在高温多湿地区不宜过分密植，否则前期虽可获得高产，后期树冠交接后产量即锐减。有管理经验的地区，密度可大一些。

第四节 土肥水管理

桃树根系呼吸作用旺盛，正常生长要求土壤有较高的含氧量。除秋冬落叶前后结合施用基肥进行深翻外，生长期间宜经常中耕松土，保持树盘范围内的土壤通气性良好。遇有滞水、积水现象应及时排除，不使根系受渍。

桃树比较耐瘠薄。幼树期需肥量少，施氮过多易引起徒长，延迟结果。进入盛果期后，随产量增加和新梢的生长需肥量渐多。综合各地桃园对氮、磷、钾三要素的吸收的比例，大体为

10：（3~4）：（6~16）。每生产100kg的桃果，三要素的吸收量分别为0.5kg、0.2kg和0.6~0.7kg。具体施肥量最好以历年产量变化及树体生长势作为主要依据。叶分析的适量标准值，据原北京农业大学测定，三要素分别为：2.8%~4.0%（N），0.15%~0.29%（P_2O_5）和1.5%~2.7%（K_2O）。

具体施肥要求如下：第一次为基肥，以有机肥为主，适当配合化肥，特别是磷肥，结合晚秋深耕施入，施肥量占全年总量的50%~70%。第二次为壮果肥，以氮肥为主，结合磷、钾肥，在定果后施用。第三次在果实急速膨大前施入，以速效磷、钾肥为主，结合施用氮肥，主要对中、晚熟品种，可促进果实肥大，提高品质，并可促进花芽分化。此外，有条件时，在8—9月中、晚熟品种收获后，以氮肥为主施用一次补肥，有利于枝梢充实和提高树体内贮藏营养的水平。必要时还应注意补充微量元素。

桃树需水量虽少，但发生伏旱时仍应进行必要的灌溉。夏季炎热季节灌溉需掌握在夜间到清晨土温下降后，以免影响根系生长，并宜速灌速排，不使多余水分在土壤中滞留。

正常管理条件下，桃多数品种的结实率较高，任其自然结实，果实变小，品质变劣，并削弱树势。生产上应疏果两次，最后定果不迟于硬核期结束。留果数量主要根据树体负载量，并参考历年产量、树龄、树势及当年天气情况等而定。具体疏果时可按（0.8~1.5）：1的枝果比标准留果，或按长果枝留果3~5个，中果枝1~3个，短果枝和花束状果枝留1个或不留，二次枝留1~2个的标准掌握。先疏除萎黄果、小果、病虫果、畸形果和并生果，然后再根据留存果实的数量疏除朝天果，附近无叶果及形状较短圆的果实。

第七章 葡萄生产技术

葡萄是世界上最古老的果树之一，栽培面积仅次于柑橘、苹果、梨和桃，居第五位；产量仅次于苹果、柑橘、梨、桃和香蕉，居第六位。我国鲜食葡萄栽培面积与产量均居世界首位。

第一节 生长结果习性

葡萄为多年生蔓生植物，根系发达，再生力强，吸收力强，故葡萄抗旱、耐瘠薄、耐盐碱，不怕耕作伤根。其地上茎蔓、地下根系生长势均很强，生长量大，寿命长。在露地栽培条件下，一般一年有 2 个生长高峰，在华北地区，发芽后根系开始生长，6 月下旬至 7 月中旬出现第一次生长高峰，8 月中旬高温时停止生长；9 月中旬又进入第二次生长高峰，但比第一次小，11 月下旬生长停止。葡萄根系的生长与地温关系密切。

植株蔓性，不能直立，需设支架扶持，生长迅速，节间长，借卷须向上攀援生长，年生长量可达 1~10m 以上。只要气温适宜，可以一直生长。栽培上应勤摘心，限制其加长生长。枝蔓生长具明显的顶端优势和垂直优势。

葡萄的芽具有明显的早熟性，植株各部位上的芽，在条件良好、营养充足时均能在较短的时间内形成花序，技术措施得当，周年中可以结二次、三次、甚至是多次果。葡萄的夏芽可随即萌发长成副梢，副梢的夏芽又能萌发成二次、三次副梢，甚至多次副梢。葡萄的花芽为混合芽，但冬前花序原基分化较浅，外形上不易与叶芽相区别。一般从枝蔓（结果母蔓）基部第 1~2 节开始，直至第 20 节以上，各节均能形成花芽。生长势较弱的品种，花芽着生位置较低；生长势强的品种花芽着生位置较高。

葡萄的花序为复总状花序（圆锥花序），一般着生在结果新梢的第3~8节上，有2~4个花序。大多数葡萄品种为两性花，能自花授粉正常结实。葡萄落花落果较严重。花后3~7d开始落果，花后9d左右为落果高峰，前后持续约2周，其后一般很少再脱落。有些葡萄品种，有单性结实或种子中途败育的特性或趋向，可以形成无籽葡萄。

第二节　育苗建园

一、育苗

葡萄苗主要分自根苗和嫁接苗。由于葡萄蔓的再生能力很强，节和节间伤口处容易生根，目前采用自根育苗的较多，例如，扦插、压条等。但为了增强葡萄的抗逆性和葡萄品种的改良，可以使用嫁接育苗。有些品种如藤稔，通过嫁接以后可以增强生长势，达到早期丰产的效果。

二、定植

葡萄对土壤的适应性很强，但喜沙质土，因此，定植前栽植沟的准备、有机肥的施用都是极为重要的。栽植沟一般宽100cm，深80cm，每667m²施有机肥4 000kg左右。定植株行距因栽培架式不同而略有差异，一般每667m²栽植111~333株。

葡萄定植时期分秋植（即11月下旬）和春植（即2月上中旬至葡萄萌芽前），目前一般采用春植为主。苗木定植前最好用萘乙酸或吲哚丁酸浸根，以便提高成活率和生长量。

三、建园

（1）园地选择。交通方便，地形开阔、阳光充足、通风良好的地段。土质疏松肥沃，排水良好，地下水位在0.5m以下，pH

值为 6.5~7.5。

（2）园地的规划。大型的葡萄园应结合地形、交通、水利、防护林等进行分区，分区面积以 1~1.5hm² 为宜。

（3）排、灌系统。按区均匀分布灌溉用管道或设立灌水沟。平地果园四周挖深、宽各 60cm 的排洪沟，果园内设若干条 0.3~0.4m 宽、0.5m 深的排水沟，并与排洪沟相连。坡地果园上方挖一条等高排洪沟（兼蓄水用），沟深、宽各 1m。

四、栽植

栽植方向以南北行向为好。平地、山地和沙荒地葡萄园用平畦栽培，地下水位高或低洼易发生涝害的地块用高畦栽培。双十字"V"形架行距 2.8m，株距 1m；棚架行距 3~4m，株距 1~1.5m；篱架行距 2.5m，株距 1~1.5m。在定植前将园地深翻，并将沤制腐熟的有机肥 3 000~4 000kg/667m²，磷肥 100kg/667m² 与表土混匀后定植，使根系向四周舒展开，覆土一半时向上轻提苗木 1~2cm，再覆土压实，最后浇足定根水。幼苗定植后，靠近地面留 2~3 个饱满芽眼剪截，并在旁边插一根竹竿，使苗沿竹竿直立生长。

第三节 栽培管理技术

一、土壤管理

（1）深翻。深翻一般分秋季深翻和冬季深翻。秋季深翻是在果实采收后（8—10 月），可利用此时根系的第二次生长高峰期进行。冬季深翻一般在 11—12 月进行。深翻要与施有机肥结合起来，深度掌握在 20~40cm。

（2）中耕。中耕可以防止杂草滋生，保持土壤水分和养分，改善通气条件，促进根系和微生物活动。中耕多在生长季节进行（即 5—9 月），深度不超过 10cm，易板结的表土特别需要中耕。

（3）除草。杂草与葡萄争夺土壤水分和养分。同时，杂草多的葡萄园虫害也多，如二星叶蝉、金龟子、地老虎等。中耕结合除草，在整个生长期要经常进行。

二、水分管理

（1）排水。葡萄喜干忌湿，土壤水分过多，在生长季节引起枝蔓徒长，降低果实质量，严重时抑制根系呼吸，长期积水可使葡萄整株死亡。葡萄园建立首先要考虑排水问题。

（2）灌水。葡萄在各个生长时期对水分的需求不同。萌芽期、开花期一般雨水较多，无须灌水，主要是梅雨后的7月、8月，这时候往往高温干燥，如果缺水将直接影响果实膨大和转色。

三、施肥

（1）施肥时期。按时期一般分为基肥、追肥、补肥。基肥为迟效性有机肥，施用量占全年施肥量的60%，9月至翌年1月都可以施。追肥是在葡萄生长发育阶段施的，以速效肥为主，追肥又分为萌芽肥（3月中旬至4月上旬的芽膨大期）、膨果肥（6月）和果实着色肥（7月上中旬）。补肥是在果实采收后施用，恢复树势，增加树体的养分贮藏。

（2）施肥方法。施肥方法主要有根部施肥和根外追肥。

根部施肥。主要方法有环状施肥法、沟状施肥法、全园撒施法等。环状施肥法多数用于幼龄果园，在树冠周围的外缘挖深15~25cm、宽30cm的环状沟，将肥料施入并覆土。沟状施肥法是成年葡萄园最常用的施肥法，施肥沟与植株行平行，距植株0.5~1.2m。基肥沟深30~50cm，宽40cm，追肥沟深15cm，宽30cm，施肥后覆土填平。全园撒施法一般是在葡萄根系已布满全园的情况下采用，先将腐熟基肥全园撒施，后翻土即可。

根外追肥。主要以速效肥喷叶背为主，绿枝、幼果也能吸收。根外追肥只能在葡萄生长期中进行，一般使用的追肥及浓度如下：尿素 0.1%~0.3%，硫酸铵 0.3%、过磷酸钙 1%~3%、硫酸钾 0.05%、硼酸 0.05%~0.1%、硫酸二氢钾 0.3%~0.5%。

四、保花保果

在花前 7~8d 掐掉花序上的 1~4 个花序大分枝和花序尖端，保留由下往上数 14~16 个花序小分枝，使果穗形状成为圆柱形。坐果后至硬核前能分辨大小果粒时疏去小粒果、畸形果和过密的果粒。每穗粒数控制在 30~40 粒。每 667m^2 定产 2 000kg，定 4 000~5 000 穗。

五、套袋

在疏果完成以后，全园喷施一次杀菌剂，待药液干后立即用专用纸袋套袋。

第八章　猕猴桃生产技术

猕猴桃果实细嫩多汁，清香鲜美，酸甜宜人，营养极为丰富。它的维生素 C 含量高达 100～420mg/100g，比柑橘、苹果等水果高几倍甚至几十倍，同时还含大量的糖、蛋白质、氨基酸等多种有机物和人体必需的多种矿物质。

第一节　生长结果习性

一、器官形态及生长习性

（1）根。猕猴桃的根为肉质根，外皮层较厚，老根表层龟裂状剥落。主根不发达，侧根和须根多而密集，须根状根系。根系在土壤中的垂直分布较浅，而水平分布范围广，成年树根系垂直分布在 40～80cm 的土层中，一般根系的分布范围大约为树冠冠幅的 3 倍，猕猴桃的根系扩展面大，吸收水分和营养的能力强，植株生长旺盛。

（2）枝。猕猴桃的枝属蔓性，在生长的前期，蔓具有直立性，先端并不攀援；在生长的后期，其顶端具有逆时针旋转的缠绕性，能自动缠绕在他物或自身上。枝蔓中心有髓，髓部大，圆形；木质部组织疏松，导管大而多。新梢以黄绿色或褐色为主，密生绒毛，老枝灰褐色，无毛。

当年萌发的新蔓，根据其性质不同，分为生长枝和结果枝。

生长枝：根据生长势的强弱可分为徒长枝（多从主蔓上或枝条基部潜伏芽上萌发而来，生长势强，长达 3～5m，间长，牙较小，组织不充实）和营养枝（主要从幼龄树和强壮枝中部萌发，长势中等，可成为翌年的结果母枝）。

结果枝：雌株上能开花结果的枝条叫结果枝。雄株的枝只开花不结果，称为花枝。结果枝一般着生在 1 年生枝的中、上部和短缩枝的上部。根据枝条的发育程度，结果枝又分为：徒长枝结果枝，长度为 1.5cm 以上；长果枝，长度为 1.0m；中果枝，长度为 0.3~0.5m；短果枝，长度为 0.1~0.3m。

（3）叶。叶为单叶互生，叶形有圆形、卵形、椭圆形、扇形、披针形等。叶长 5~10cm，宽 6~18cm，叶片大而较薄。基部呈楔形、圆形或心脏形。叶面颜色深，叶背颜色浅，且有绒毛。

（4）芽。芽分为叶芽和花芽。芽为鳞芽，鳞片为黄褐色毛状；复芽，且有主副之分，1~3 芽的叶腋，中间较大的芽为主芽，两侧为副芽，呈潜伏状；主芽易萌发成为新梢，副芽在主芽受伤或枝条被修剪时才能萌发。猕猴桃萌发率较低，一般为 47%~54%。

（5）花。猕猴桃为雌雄异株植物，雌花、雄花分别在雌株、雄株上。雌花、雄花在形态上都是两性花，但在功能上雄花的雌蕊败育，因此都是单性花。雌性植株的花多数为单生，雄性植株的花多呈聚伞花序，每一花序中花朵的数量在种间及品种间均有差异。

（6）果实。为圆形至长圆柱形，是中轴胎座多心皮浆果，可食部分为中果皮和胎座。果皮黄色、棕色、黄绿色等，果皮较薄，果点多数明显，果面无毛或被绒毛、硬刺毛。果肉多为黄色或翠绿色，也有红色的，呈放射状。果实大小差异大，一般为 20~50g，果实最大的是中华猕猴桃和美味猕猴桃，大的可达 200g 以上。

二、开花结果习性

中华猕猴桃的初花期多在 4 月下旬。从现蕾到开花需要 25~40d。每个花枝开放的时间，雄花 5~8d，雌花 3~5d。全株开放时间，雄株 7~12d，雌株 5~7d。雄花的花粉可通过昆虫、风等自然媒介传到雌花的柱头上进行授粉，也可人工授粉。

獴猴桃花芽容易形成，坐果率高，落果率低，所以丰产性好。中华獴猴桃、美味獴猴桃主要以短缩果枝、短果枝结果为主。结果母枝一般可萌发 3~4 个结果枝，发育良好的可抽 8~9 个。结果母枝可连续结果 3~4 年。结果枝通常能坐果 2~5 个，因品种而有差异。獴猴桃从终花期到果实成熟，需 120~140d，在此期间，果实经过迅速生长期、缓慢生长期和果实成熟期 3 个阶段。

三、对环境条件的要求

土壤以深厚、排水良好、湿润中等的黑色腐质沙质壤土，pH值为 5.5~7 的微酸性土壤为佳。年平均温度 11.3~16.9℃，极端最高温度不超过 42.6℃，极端最低温不低于-15.8℃，≥10℃ 有效积温 4 500~5 200℃，无霜期 160~240d，年日照时数 1 300~2 600h。年降水量1 000mm 左右；相对湿度 70% 以上。

第二节　种类和品种

目前，獴猴桃属在全世界共发现 66 个种，其中，62 个种原产于我国。分布在北纬 23°~34° 的暖温带与亚热带山地，其中，栽培最广泛的 2 个种中华獴猴桃、美味獴猴桃都以长江流域为分布中心。供鲜食和加工的主要有 5 个种。

一、中华獴猴桃

分布最广，集中于秦岭和淮河流域以南。其果实近球形或圆柱形，果面光滑无毛，果皮黄褐色至棕褐色，果 20~120g。主要品种有：园艺 16A、魁蜜、红阳、庐山香、金丰、早鲜等优良品种。

二、美味獴猴桃

目前，为我国栽培面积最大、产量最高的种类。分布于黄河以南地区。果皮绿色至棕色，果重 30~200g，果肉绿色，汁多味浓，具清香。主要品种：海沃德、布鲁诺、徐香、金魁等优良品种。

三、毛花猕猴桃

分布于长江以南各地，其代表品种有福建的沙农 18 号，中国科学院武汉植物研究所以种间杂交（中华×毛花）培育出的重瓣、满天星、江山娇等观赏新品种。果实重约 30g，果肉翠绿色，多汁微酸。如浙江的华特。

四、软枣猕猴桃

主要分布于黑龙江、吉林、辽宁、河北、山西等地，黄河以南也有分布。其代表种有吉林选育的魁绿。该种类是我国耐寒性强、适应性广、综合利用价值较高的猕猴桃种类。

五、阔叶猕猴桃

主要分布于我国广西壮族自治区（全书简称广西）、广东、云南、贵州、湖南、四川、湖北、江西、浙江、安徽、台湾等地，果实以富含维生素 C 而闻名于世，维生素 C 最高含量可达 2 140mg/100g。

第三节　育苗建园

一、育苗

猕猴桃的繁殖方法，常用播种、扦插、嫁接等方式。

（1）播种。采集优良母株上充分成熟的果实，自然存放，变软后立即洗种，阴干。播种前进行层积处理，以提高种子发芽率，沙藏时间为 40~60d。主要培养实生苗。

（2）扦插。猕猴桃扦插因产生大量愈伤组织，消耗过多养分，并在愈伤组织表面形成木栓层，影响插条对养分和水分的吸收，使生根更加困难。实践证明，利用当年生新梢即嫩枝扦插生根比较容易。

插穗准备：绿枝蔓插穗选用生长健壮、组织较充实、叶色浓绿厚实、无病虫害的木质化或半木质化新梢蔓。绿枝蔓插穗不贮藏，随用随采。为了促进早生根，可用生长素类处理下部剪口。常用药剂及处理浓度有：吲哚丁酸（IBA）100~500mg/L 处理 0.5~3h，或 3~5g/L 速蘸；萘乙酸（NAA）200~500mg/L，处理 3h，ABT 生根粉蘸下剪口等。

绿枝扦插方法：为了减少水分散失，可将叶片剪去 1/2~2/3，弥雾的次数及时间间隔以苗床表土不干为度，弥雾的量以叶面湿而不滚水即可。过干会因根系尚未形成，吸不上水而枯死，过湿会导致各种细菌和真菌病害发生蔓延。绿枝蔓扦插的喷药次数较多，大约 1 周 1 次。多种杀菌剂交替使用，以防病种的多发性，确保嫩枝蔓正常生长。

二、园地选择

在建立猕猴桃生产基地时，应选择水源、交通较方便的地方。猕猴桃园宜建立在海拔较高的山区，但不宜超过海拔 1 000m。丘陵地土层深厚、排水良好，是猕猴桃较适宜的栽培区。但一定要有水源，以防夏秋高温干旱。山地生态条件非常适宜，但要注意坡度、坡向与坡位的选择。一般尽量选择 15°以下的缓坡地或较平坦地段。宜选择南向或东南向的向阳避风坡，忌选北向。不宜选择山顶或其他风口（特别是生长季节的风向）处建园。

猕猴桃土壤要求土层深厚、疏松肥沃、排水性能良好，又有适当保水能力的微酸性土壤。避免在黏重土壤中栽植。

三、设置防风林

猕猴桃抗风力差，春季大风常折断新梢，损伤叶片及花蕾；

夏季干热风降低空气湿度，引起土壤水分大量蒸发而干旱，叶片焦枯，生长受阻；秋季大风，擦伤果实，影响商品价值。因此，建园前就要建造防风林。

防风林树种应选择女贞、杉木、湿地松、柳杉、水杉、杨树、樟树、枇杷、冬青、枳壳等，实行常绿与落叶、乔木与灌木相配合，并以常绿树种为主，以预防4—5月的风害。

第四节　猕猴桃园周年管理技术

一、休眠期

（1）整形。依据不同品种和不同树龄植株生长发育规律，将各种枝蔓合理地分布于架上，协调植株生长和结果之间的平衡，以达到高产、高效的生产目的。

篱架的整形：苗木定植后，留3~5个饱满芽短截，春季可萌发2~3个壮梢，冬季修剪时留下健壮的枝条作为主蔓，并在50~60cm处短截。

"T"形架的整形：在主干高达1.7m左右，新梢超过架面10cm时，对主干进行摘心，摘心后主干顶端能抽发3~4条新梢，选择2条健壮枝梢作主蔓培养，其余的疏除。

平顶棚架的整形：主干高达1.7cm左右，新梢生长至架面10~15cm时，对主干进行摘心或短截，使其促发2~4个大枝，作永久性主蔓。

（2）冬季修剪。冬剪最佳时期是冬季落叶后两周至春季伤流发生前两周。过迟修剪容易引起伤流，影响树体。冬季修剪的重点是在整形的基础上，对营养枝、结果枝、结果母枝进行合理的修剪。

具体方法是：对生长健壮的普通营养枝，剪去全长的1/3~1/2，促其转化为翌年的结果母枝；徒长形枝对其进行轻剪，促进枝条的充实，以便成为结果母枝；其他的枝条如细弱枝、枯枝，病虫枝、交叉枝、重叠枝、下垂枝均应从基部剪除。对结果母枝的修剪应根据品种特点进行，如金魁的结果母枝抽生结果枝的节位比较高，在第 11~13 节尚能抽发结果枝，故对粗壮结果母枝可采用长梢轻剪，中等健壮的可留 7~8 节短截。

（3）病虫害防治。树盘表土深翻 15cm 左右，消灭越冬象甲、金龟子和草履蚧卵块。结合冬剪，清洁果园。及时喷施 5 波美度的石硫合剂。

二、萌芽、新梢生长期

（1）整形修剪。及时抹除砧木的萌蘖，主干、主蔓上长出的过密芽，直立向上徒长的芽，结果母枝或枝组上密生的、位置不当的、细弱的芽，双生、三生芽（只留 1 个），然后确定结果枝留量，新梢长到 30~40cm 长时开始绑枝，开花前 10d 进行摘心，徒长枝如作预备枝留 4~6 叶摘心，可促发二次枝；发育枝可留 14~15 叶摘心；结果枝常从开花部位以上留 7~8 片叶摘心。摘心后的新梢先端所萌发的二次梢一般只留 1 个，待出现 2~3 片叶后反复摘心，或在枝条突然变细、叶片变小、梢头弯曲处摘心。

（2）肥水管理。叶片展开时，喷施 1~2 次 0.3% 的尿素，花前灌一次水。

（3）病虫害防治。黑光灯、糖醋液等诱杀金龟子等害虫。防治花腐病、干枯病、溃疡病、褐斑病等病害，防治介壳虫、白粉虱、小叶蝉等害虫。

三、开花期

（1）疏花蕾。侧花蕾分离后 2 周开始疏蕾，强壮长果枝留 5~6 个花蕾，中庸果枝留 3~4 个花蕾，短果枝留 1 个花蕾。疏除时应保主花疏侧花。

（2）花期放蜂。人工授粉，15% 以上雌花开放时，每 667m^2 可设置蜂箱 1~2 个。

（3）肥水管理。开花期喷施 0.5% 硼砂加 0.5% 磷酸二氢钾。

（4）病虫害防治。防治金龟子、白粉虱、小叶蝉等害虫；防治花腐病、黑星病、褐斑病等病害。

四、果实发育期

（1）疏果。坐果后1~2周内完成。一般短缩果枝上的果均应疏去，中、长果枝留4~5个。使叶果比达到（5~6）∶1。

（2）整形修剪。5~6月对结果枝和生长中庸健壮的营养枝摘心，生长瘦弱的营养蔓和向下萌发的枝、芽应及时抹除。7月上、中旬对二次梢再次摘心，同时疏除荫蔽枝、纤细枝、过密枝，并结合修剪进行绑蔓。8月中、上旬对三次枝梢摘心。

（3）肥水管理。在落花后20~30d施硫酸钾每667m^2 30~40kg，9月中、上旬追施纯钾肥或磷钾复合肥每667m^2 30kg，施肥后灌水。果实膨大期每3d喷0.3%~0.5%磷酸二氢钾1~2次。

五、果实成熟和落叶期

（1）采收。采用树体喷布50mg/L的乙烯利催熟。可溶性固形物含量在12%~18%时采收，用于及时出售；9%~12%时采收，可用作短期贮藏；6.1%~7.5%时采收，用于贮藏。

（2）催熟。采后用400倍液的乙烯利喷布果实，或贮藏前用500倍液乙烯利浸果数分钟，晾干后贮存。

（3）肥水管理。采果后结合深翻改土施入有机肥，根据果园土壤养分情况可配合施入磷、钾肥，每株幼树施有机肥50kg，加过磷酸钙和氯化钾各0.25kg；成年树进入盛果期，每株施厩肥50~75kg，加过磷酸钙1kg和氯化钾0.5kg。施肥时，离主干50cm处开20cm深沟，施后覆土，并及时灌水。

第九章　柑橘生产技术

柑橘是世界第一大果树。全世界柑橘年产量有 1 亿多吨，种植面积高达 667 万 hm^2。中国是柑橘最重要的原产中心之一，有着悠久的种植历史。在所有的水果中，其鲜食、加工性能均好，基本上可以做到没有废料。

第一节　柑橘的生物学特征

柑橘性喜微酸、湿润环境，最适宜的生长温度为 29℃，最适合生长的湿度 75% 左右；平均生长寿命 50 年左右。柑橘树形比较矮小，树冠直立或呈自然圆头形或半圆头形。成枝力中等，枝条的顶端优势不强，分枝间势力均衡，常无明显主干，树形比较优美。

柑橘的花芽为混合芽，可在生长健壮的各类梢的先端依次形成。如新梢多次生长，则花芽发生的部位随之上移。结果枝有带叶果枝和无叶果枝两种。柑橘的花为雌雄同花，多单生或丛生，为完全花，能自花授粉结实。

第二节　优良品种选择

抗性强、易栽、易管、丰产、品质优良和耐储运等是现代柑橘优良品种的主要特征。

一、宽皮柑橘类

砂糖橘、本地早、温州蜜柑、梭柑、蕉柑、南丰蜜橘等。

二、甜橙类

新会橙、柳橙、雪柑、伏令夏橙、血橙、香水橙、脐橙、冰糖橙等。

三、柚类

沙田柚、琯溪蜜柚、文旦柚、葡萄柚类等。

四、金柑类

金弹、四季橘等。

第三节　柑橘的建园技术

一、橘园的选择

选择土壤肥沃、质地疏松、土层深厚、保水排水性好，心土松软的红壤、沙壤土建园。坡向以南向、东南或马蹄形山窝建园为好，西向北向要注意营造防护林。坡度选择5°~15°建园为佳。橘园附近必须有水源。

二、合理配置密度

现代柑橘建园技术推广宽行密株和宽行稀株两种模式。在方便管理的同时能大幅度提高柑橘品质，增加柑橘生产效益。宽行密株行距5~6m，株距2~3m，每667m²植38~67株。山地宜密，平地宜稀。

三、栽植时间

一般柑橘苗春、秋两季都可定植，以春季定植为佳，一般在3月上旬橘芽萌发前定植为宜。容器苗全年均可定植，其最佳定植时间是春梢发生结束后。

四、栽植

挖大穴，施足基肥。通常要求挖深 0.8m，宽 1m 的定植穴，把心土和表土分开放，每穴施入腐熟有机肥 30～50kg，石灰 1.5～2.0kg，腐熟菜饼 1kg，钙镁磷 1.5～2kg，与表土充分混匀填入穴内，肥土要踏紧。定植时苗木置入定植穴后，再用小刀划开并取出营养袋，扶正苗木，填土踏实即可。

第四节　柑橘树体管理

一、熟化土壤

（1）深翻。每年要进行一次深翻，对柑橘园 20～40cm 土层进行翻动，近树颈处浅些，树冠外深些，结合增施有机肥，以改良和活化土壤。萌芽期、花期尽量不要深翻。

（2）培土覆盖。夏秋高温干旱，在树冠下每株培土高 5～10cm 防旱，冬季采果后，进行培土高 30cm 防寒。

（3）中耕松土。成年橘园春节杂草容易滋生，雨后土壤板结，结合除草疏松表土，夏季中耕切断毛细管，减少水分蒸发。

二、合理施肥

（1）早施基肥。早熟品种在 10 月中、下旬，中熟品种宜在 11 月中旬或采果后，每株施腐熟有机肥 20～30kg，磷肥 3～5kg，石灰 1～1.5kg，复合肥 1～2kg，施肥量占全年 35%～40%，结果多，大树多施，小树少施。

（2）巧施追肥。①春芽肥。一般在 2 月下旬至 3 月上旬春梢萌动期进行。以施用高比例的氮、磷复合肥为宜，配合施用腐熟的有机肥。株施尿素 0.5～1.0kg，人粪尿 20～30kg，复合肥 2kg。施肥量占全年施肥的 20%。②稳果肥。施肥量占全年 10%，5 月上中旬一般株施复合肥 1kg，开花结果多的多施，结果少的不宜施。③壮果促梢肥。7 月下旬至 8 月上旬株施腐熟饼肥 1.5~2kg，人粪尿 20~30kg，硫酸钾 1~2kg，施肥量占全年的 25%~30%。

（3）施肥方法。①条状沟施肥。山地果园通常采用条状沟施肥方式，即在树冠滴水线处，开深 20~30cm，宽 30cm 的条沟，沟长根据树冠而定。下次施肥在树冠的另外两侧开沟，施肥后盖土。②放射沟施肥。在树冠距树干 1~1.5m 处，按树冠大小，向外开放射状沟 4~6 条，沟深 20cm，沟宽 30cm，靠近树干处开浅些，逐步向外沿开深些，施肥后盖土。这方法适用于较窄的梯台。

三、保花保果

在谢花 2/3 时喷 20mg/kg 赤霉素或 5406 细胞分裂素 800 倍液+0.2% 硼砂和 0.2% 磷酸二氢钾一次；5 月上旬和 6 月中下旬各喷一次 30mg/kg 水溶性防落素或 800 倍液 5406 细胞分裂素+0.2% 磷酸二氢钾和 0.3% 尿素，提高坐果率。

第五节　柑橘采收

一、采收期的确定

供贮藏用的橘果采收时间一般应在九成熟，果面有 2/3 转黄时采收。短期贮藏或直接上市果实宜在果实全面着色，果实可溶性固形物和含量达到该品种应有的标准时采收。以晴天采收为佳。采收前 15d 内，应停止灌水、喷药。

二、采收准备工作

应该准备好采收工具，橘剪、橘梯、橘篓和橘筐。橘剪必须圆头平口，刀口锋利。特别需要提醒的是，采收人员采收果实时，不宜留指甲，应戴手套，以免采收时在果面上留下伤害。

三、采收方法

采收柑橘时，应遵照自下而上、由外及内顺序采摘。采果应将不同成熟度的果实分批采收，分批储藏和加工，保证果实品质的一致性。严格采用"一果两剪"法，即第一剪在离果蒂 1~2cm 处，第二剪把果柄剪至与果肩相平。千万不要从果树上一下把果肩剪平，把果蒂留在植株上，以免消耗更多的养分。采收时尽量不拉枝拉果，注意轻拿轻放。

第十章　香蕉生产技术

第一节　育苗、定植技术

一、育苗技术

香蕉育苗有传统的吸芽育苗和植物组织培养试管苗两类。吸芽苗繁殖，主要是利用褛衣芽、红笋芽进行无性繁殖。秋季至入冬前抽生的吸芽叫褛衣芽；春暖后抽生的吸芽叫红笋芽。吸芽高达40cm以上即可分株。褛衣芽根系较多，定植后先长根，后出叶，生长快，结果快而稳产；红笋芽定植后先出叶，后长根。目前，大部分种蕉区几乎都是种试管苗。优质的试管苗至少有2条以上的白色根，2片绿色的平展叶，浅绿色假茎粗0.3cm，培养基至叶柄交叉点约2.5cm。

二、香蕉地选择及整地

选择在小气候环境中霜冻不严重，空气流通，地势开阔的地块较为理想。海拔选择在600m以下最好。土层深厚、疏松，并有水源，但不能积水。用平地或水田种植，一定要挖好排水沟。香蕉既怕水淹又怕干旱，如果选用10°以上坡度的地块种植香蕉，必须挖成等高台地，保水保肥、保持水土又方便生产管理。坡向尽量选用向南或东南坡，以减少霜冻。

选好地块进行全耕，然后在定植前一个月左右挖好定植穴或种植沟。台地一般掌握台面宽120cm左右。定植穴长、宽、深各为50~60cm即可。

三、定植

定植时间以春植为主。一般计划在 12 月至翌年 2 月卖蕉，种植时间掌握在 2—3 月，甚至还可早一些。种植方式通常有单株植、双株植、三株植等。采用单株或双株种植均可获得较好效益。如果是台地，种植时稍为靠近内侧。株行距掌握在 2.5m×3m 左右，每 667m² 种植 90~100 株。如果采用双株丛植，丛植的两株距离应保持 1m 左右。

在定植前，定植沟或定植穴内施足腐熟基肥，并与碎土充分混合。种植春植蕉时，采用深挖穴、浅填土、深定植、浅覆土的办法，可避免干旱。定植后覆盖细土，稍加踏实，然后灌水；覆盖杂草，减少水分蒸发，提高植株的成活率。定植后应及时补植缺株。

第二节　香蕉树体管理技术

一、开花、结果期管理

香蕉在抽出花蕾时和果实生长的过程中，及时拨开或切掉妨碍花蕾及幼果生长的叶片和叶柄。当花蕾开至中性花或雄性花后，可用利刀断去花蕾，一般保留 8 格左右比较适宜。断蕾要在晴天午后，不宜在雨天或早雾大时进行。当果实成熟度达到 4~5 成时，要用木杆或竹竿撑住植株，防止倒伏或折断。在果实即将成熟时，为防止强烈的阳光灼伤果穗，应把果穗梗上的叶拉下来，遮着果穗。

香蕉嫩果易受病虫害，在现蕾后应喷药防治。为了保护果实免受病虫害的机械损伤，提高果实的质量，幼果上弯后套上塑料袋。塑料袋的下部任其垂直打开，以排除积水。在套袋前要喷农药防病虫。在断蕾时可用 2, 4-D、赤霉素、香蕉膨大素、磷酸二氢钾、尿素等对果穗进行壮果。

二、吸芽选留和去除技术

香蕉是以吸芽繁衍后代，继续开花结果，留芽是香蕉栽培上一项技术性较强的措施。留芽不当，可能减产、失收和缩短蕉园的经济寿命。

（1）吸芽的选留方法。植株定植后，经过一定时期的生长，重新形成一个新球茎。一般在2—3月定植的香蕉，在5—6月即形成新球茎，同时在旧球茎长出吸芽。目前留芽方法通常有两种方法：1年1造法和2年3造法。

①1年1造留芽法：用试管苗春夏植常用此法留芽。一般春夏蕉的卖价较高，第一造和第二造都成为春夏蕉。所以，选留晚秋后出土的吸芽。但是晚秋后长出的吸芽，露头，长势差，以后要加强肥水管理和培土，才能有较理想的产量。

②2年3造留芽法：用大吸芽种植的春植蕉，种植密度偏稀，选留6月初出土的头路芽，加强肥水管理。母株在9月中下旬抽蕾，到翌年的2月左右收获。母株采收后，选留的吸芽长到6月开始抽蕾，于10月初采收第二造。到早春抽生的头路芽又可留作第三造的结果母株。第三造在2—3月抽蕾，5—6月可采收。

（2）吸芽的去除。香蕉会萌发许多的吸芽。但是每株只能留一个吸芽作为结果株，其他多余的吸芽除去，以免影响母株的生长和结果。吸芽长到15~30cm高时除去较为适宜。吸芽的去除主要是铲除其生长点及地上部分。在3—8月，一般隔15~20d除芽一次，9月以后，由于温度低，湿度小，生长缓慢，约隔一个月检查一次。

（3）残茎的处理。香蕉采收后，余留下来的残茎体内还有许多养分和水分可供吸芽利用。所以，采收时在1m左右砍断后留下的残茎要在2个月左右才挖除，为吸芽的生长创造更多的养分，并且有利于根系的生长发育。

第三节　香蕉的土、肥、水管理

一、土壤覆盖

在进入干旱季节，对香蕉园土壤进行覆盖，有利于调节土壤温度，保持土壤湿度，增加腐殖质含量，对提高香蕉质量和产量有着显著的作用。利用蕉园附近的杂草进行覆盖。

二、科学施肥技术

（1）香蕉的施肥量。香蕉需肥氮、磷、钾的比例是2：1：6，每株每年施尿素290~400g，过磷酸钙600~800g，氯化钾660~750g；专用复合肥每株每年施1.5~2kg。香蕉的施肥量并不是固定不变的，应该根据土壤肥力、天气、植株长势、施肥季节以及蕉农的经济实力灵活掌握。

（2）施肥时期及施肥次数。从香蕉的需肥特性来看，营养生长期吸收量占20%左右，孕蕾期吸养分占40%~50%，果实发育期吸收养分占30%。因此，氮肥的施用量在营养生长期施30%，在孕蕾期施40%，在果实发育期施30%。抽蕾期20d左右不要重施氮肥，收获前应控制氮肥。磷肥可以全部作基肥，也可部分作追肥。钾肥在营养生长期施30%，在孕蕾期施45%，在果实发育期施25%。施肥次数根据劳力情况而定，如劳力充足，施肥次数越多越好，达到了勤施薄施的原则。

（3）香蕉的施肥方法。在苗期的中后期，用尿素或碳铵等速溶肥料作液肥开沟施。雨季施肥可用尿素、氯化钾、复合肥在靠近蕉头的附近撒施。沟施要离蕉头35~90cm处开深约10cm的弧形小沟，施肥后覆盖薄土，防止流失。基施即用每穴普钙0.25~0.5kg，氯化钾0.15~0.25kg，菜籽饼0.25kg在定植前施于定植穴内作基肥，肥料要与土混合均匀，然后最上面盖一层细土。施肥位置要轮换，以利根系吸收。在植株生长过程中，可在叶片或幼果上进行根外追肥，尤以植株生长后期表现出缺绿时，喷施磷钾液肥及其他微肥。

三、香蕉园的水分管理

香蕉的水分管理是获得高产优质的重要环节之一。蕉园在 11 月至翌年 4 月经常浇灌水分，远比施肥管理重要得多。不具备良好灌溉系统的蕉园，最好是在浇水的同时，对蕉园进行覆盖（建议用杂草覆盖或种植绿肥覆盖），这样保湿效果好，保持时间也长。

第十一章 菠萝生产技术

第一节 主要栽培品种

菠萝在植物分类学上是凤梨科凤梨属，属于多年生草本植物，菠萝品种分为 3 类：皇后类、卡因类、西班牙类。目前，我国栽培的主要品种就属于这三大类。

一、皇后类

栽培品种有皇后、金皇后、菲律宾（巴厘）、纳塔尔、神湾、鲁比等；菲律宾（巴厘）是华南地区主栽品种。

二、卡因类

栽培品种有无刺卡因（又名"夏威夷""沙捞越"）、台凤、希路等。

三、西班牙类

栽培品种主要有西班牙、土种、新加坡罐用种、卡比宗那等。

第二节 对生态环境条件的要求

菠萝对环境条件的适应性比较强，但更适应于温暖湿润的气候，菠萝栽培区要求年平均气温 20~27℃，冬季平均气温高于10℃；菠萝耐旱性较强，雨水过于集中对根系生长不利；光照不足，植株生长势弱，果小品质差，阳光过强时叶片变成红黄色，果实易受日灼；疏松、透气性好、pH 值为 4.5~6.0 的土壤种植菠萝最适宜。

第三节 栽培技术

一、种苗繁殖

（一）芽体繁殖

利用老熟菠萝粗壮的顶芽、托芽和吸芽，通过假植培育后作种苗。

（二）组织培养繁殖

菠萝组织培养苗一般由专业机构进行培育。组织培养苗适应性强，生长快速、成熟整齐、品质较好。

二、建园栽植

（一）园地选择

园地应选择缓坡丘陵山地，排水良好，pH 值为 4.5~5.5 疏松的酸性土，坡向以西南向为佳，东向次之。

（二）种植季节

华南全年均可定植，5—8 月是定植的主要季节，充分利用采果后摘下的各种芽体作种苗，且此时各种芽体老熟，高温多湿的气候也适宜定植后的幼苗生根和新叶生长。

（三）整地施基肥

（1）耕翻。全园深翻 20~30cm，多犁少耙，保持泥团直径 5~8cm 大小的块状，有利好气性的菠萝根系生长良好；土壤过碎，泥土易板结，大雨时泥土溅积到植株心部，妨碍植株新叶的生长发育。

（2）整畦。方式有平畦、垄畦和浅沟畦三种：畦面宽度

1.0~1.5m；畦沟宽0.3~0.4m、深0.2~0.25m。不易保水的沙地可开宽度1.0m、深0.30~0.35m的浅沟畦。要求选留一定面积土地作育苗地。

（3）施基肥。整畦时施基肥，施入猪牛粪等优质有机肥20 000~25 000kg/hm²，过磷酸钙750kg/hm²，麸肥750kg/hm²，石灰1 000kg/hm²，肥土混匀。

（四）栽植技术

（1）定植方式。可选用双行、3行和宽窄畦4行3种方式。

（2）定植密度。卡因品种植45 000~60 000株/hm²；菲律宾种植60 000~75 000株/hm²；肥水充足时，密度大，单位面积产量高。但单果重则下降，抽蕾期、成熟期也晚半个月左右；小行距30~35cm，株距20~30cm。

（3）种植方法。种苗要分级分地段种植，中等大小的种苗要健壮，叶肥厚浓绿，叶数8~12张。深耕浅种，以生长点不入土为原则，以免泥土溅入株心。生产上一般按顶芽入土3~4cm，吸芽入土4~5cm，大吸芽入土6~8cm进行浅种；入土后小苗要扶正压实。种后0~40d要查苗补苗。种苗要分级分地段种植，中等大小的种苗要健壮，叶肥厚浓绿，叶数8~12张。

三、施肥技术

（一）需肥特点

生长结果需钾量最多，氮居中，磷较少，氮、磷、钾三要素适宜比例为（3~4）∶1∶（3~4）。

（二）基肥

一般采果后施。施猪牛粪等优质有机肥20 000~25 000kg/hm²、过磷酸钙750kg/hm²、饼肥750kg/hm²。也可用三元复合肥1 500kg/hm²代替上述肥料。

（三）追肥

（1）壮苗肥。密植园根际施肥不方便时，在施足基肥基础上，每月叶面追肥 2 次，肥料溶液参考配方为每 3 000 kg 水加尿素 25kg、硫酸钾 25～30kg、硫酸镁 2kg、硫酸亚铁 2kg、硫酸锌 2kg 溶解。如果追肥为根际施肥，壮苗肥在定植后 20d 左右施尿素或碳铵 750kg/hm²。

（2）促蕾肥。在定植后 5～6 个月施复合肥 900kg/hm²，促进花芽分化。

（3）壮果催芽肥。在定植后 9～10 个月施复合肥 300kg/hm²；壮芽肥在采果后施尿素 250～300kg/hm²、复合肥 250kg/hm²。投产菠萝园一年至少施促蕾肥和壮芽肥。

四、土壤耕作与管理技术

（一）除草

新开垦的菠萝园，杂草还比较少，一般一年除草 4 次左右，第一次在 3—4 月进行，浅锄轻铲；第二次除草在 5—6 月进行；第三次除草在正造果采收后即 7—8 月结合施重肥进行；第四次除草在秋冬季进行。

已投产一年的菠萝地除草可减少至每年 2 次，一次在 5—6 月，另一次在秋冬季。但行间和畦面上的零星杂草每月至少拔除 1 次，以免杂草结籽散落在畦面和行间，造成危害。

（二）培土

生长期间的培土，一般在雨后和采果后进行。采果后培土高度要盖过吸芽的基部。防止因雨水冲刷，导致一些根系裸露，使植株早衰和结果后倒伏。在雨后进行轻培土，即将被雨水冲到畦沟的表土培的畦面，盖住裸露的根系。被冲塌的叠畦壁，也应立即修复，等高畦内沟在雨季必须挖通，避免渍水造成菠萝烂根，导致凋萎或心腐。

五、花果管理技术

（一）催花技术

（1）封顶。新种植株营养生长达到催花标准时（"菲律宾"

40cm 长的叶片 25 张、卡因种 34 张时）即进行催花。当果实谢花后 7d 左右，顶芽长到 5~7cm 高时即进行封顶，具体做法是：一手扶果，另一手四指掌握幼果，扶稳，用大拇指将小顶芽推断。

（2）托芽。果实发育的同时果柄上的托芽也大量萌生，常常影响果实正常发育，严重影响产量。因此，在托芽萌发到 3~4cm 长时则分期分批摘除，每次摘除 1~2 个，摘 2~3 次；用托芽作繁殖材料，卡因种可采取留近果柄基部 2 个芽，其余分批摘除。

（3）激素催花。菠萝植株的催花标准是："菲律宾"品种有长 35cm 以上、宽 4.5cm 的叶片 30 张以上，植株重为 1.5kg 以上；卡因种有长 40cm 以上、宽 5.5cm 的叶片 35 张以上，植株重为 3.0kg 以上。采用乙烯利进行催花：乙烯利的浓度和用量要根据季节气温变化和品种来决定：一般高温季节宜在阴天或傍晚进行，使用浓度稍低些，如在 5—7 月"菲律宾"品种一般用乙烯利 1 500 倍液，即 1ml 乙烯利对水 1.5kg，附加尿素 15g，每株灌心 20ml；卡因种则要用 1 000 倍液，即 1ml 乙烯利对水 1kg，附加尿素 10g，每株灌心 30ml。而开春和入秋气温偏低，浓度要高些，如 2—4 月或 8 月以后，"菲律宾"品种要用乙烯利 1 000 倍液，每株灌心 25ml；卡因种则需用乙烯利 500 倍液，每株灌心 30ml。5d 后花芽就开始分化，25 ~28d 抽蕾，抽蕾率通常达 90% 以上，抽蕾和成熟期也比较一致。

（二）激素喷果技术

应用激素喷果，对菠萝果实的发育有明显的促进作用。另外，菠萝果实经激素处理后，还可以延长其成熟期。常用来喷果的激素有赤霉素、萘乙酸和萘乙酸钠。

（1）赤霉素喷果。在菠萝上使用浓度为 50mg/kg 和 70mg/kg，即 1g 赤霉素用 5ml 酒精溶解后，对水 20kg 或 14.5kg，再加入 0.1kg 尿素混合拌匀喷果至湿润即可。喷后用草盖果则效果更好。大田生产通常喷 2 次，第一次在花蕾小花全部谢花时，可用 50mg/kg 浓度喷；喷后 20d 左右再以 70mg/kg 浓度喷第二次，可有效促进果实发育。

（2）萘乙酸和萘乙酸钠喷果。通常在开花末期用万分之一喷第一次；隔 15~20d 再用万分之二喷第二次。每次都应加 0.5% 的尿素一起喷果，以提高激素的增产效果。应注意，萘乙酸及其钠盐，在浓度超过 50mg/kg 时，对吸芽有明显的抑制作用，使用时不能将药液喷到或流到叶腋和茎部，更不能喷到中小吸芽上，以免引起早抽蕾，果小，经济效益低。

（3）乙烯利催熟。菠萝生产上常用乙烯利催熟，效果较好，特别是秋、冬果采用乙烯利催熟，不仅使果肉色泽良好，而且还能提早果实成熟，提前加工。同时，果实成熟一致，便于采收，降低生产成本。用乙烯利催熟时的果实成熟度，一般掌握在七成熟时进行。若按抽蕾至催熟时的天数计算，夏果约在 100d，秋果 110d 左右，冬果则需 120~130d。催熟过早，品质差，产量下降。

第十二章　杧果生产技术

第一节　主要栽培品种

一、早熟种

台农一号、青皮芒、水英达、鸡蛋芒（粤西一号）、白玉象牙。

二、中熟种

金煌芒、红象牙芒、玉文芒 6 号、贵妃、黄金煌、紫花芒（又名农院 3 号）、象牙 22 号、金穗芒、桂热 10 号、金兴、桂热120、吕宋、田阳香芒、串芒、象牙芒、红金煌芒。

三、迟熟种

桂七芒、凯特芒、红苹芒、印度一号、桂香芒。

第二节　生长结果习性

一、根系

杧果的主根发达、侧根少，生长较深。根的生长一年中有两次生长高峰期，第一次在果实采收后到秋梢萌芽前，第二次在秋梢停止生长后到冬季低温来临前。

二、开花结果习性

(一) 结果母枝

杂果树在8—10月抽生的秋梢和11月上中旬抽生的早冬梢是次年主要的结果母枝。

(二) 花芽分化的时期

早中熟品种在11—12月，晚熟品种在1—2月，同一品种在不同年份花芽分化期因气候的差异可能相差15~25d。

(三) 花和开花期

顶生或腋生的圆锥状花序；花型有雄花和两性花两种，雄花量大，两性花量少，雄花子房退化。

早中熟品种的开花期在11月至翌年2月，晚熟种如栽培管理适宜开花期在3—5月。

花期授粉：杂果是典型的虫媒花植物，传粉主要昆虫是蝇类，因此，花期要在果园采取措施吸引蝇类。

(四) 果实生长与成熟期

果实生长期110~150d。

华南地区主栽的早熟品种一般成熟期在5月下旬至6月上中旬；中熟品种一般成熟期在6月下旬至7月上中旬；晚熟品种成熟期大多在7月下旬至8月上中旬。

三、对环境条件的要求

杂果适宜在年平均气温20~24℃。临界低温-3℃范围内生长；杂果耐湿、耐旱，但花期如阴雨连绵则不利花朵的授粉受精；杂果生长结果良好要求充足的光照；pH值为5.5~7.0的各种类型土壤均可栽植杂果。

第三节　栽培技术

一、种苗繁育

（1）常用砧木。一般选用土杙、扁桃（柳叶杙）的实生苗。

（2）常用嫁接方法。单芽枝腹接、切接。

二、建园栽植

（一）园地选择及整理

一般选择土层深厚、疏松肥沃的丘陵坡地建园。采用等高定点开坑或按等高线开垦成简易梯田后定点开坑。坑直径 1m、深 0.8m；在定植前 2 个月左右挖好，坑底填入绿肥或草皮 20kg、厩肥 30kg、过磷酸钙 1kg 及石灰 0.5kg 混合堆沤，使之在定植前腐解沉实。

（二）种植时期

一般选择春植（3—4 月）和秋植（9—10 月）。以选择在春季进行为佳，其次是秋植，此时雨水少，气候干燥，必须注意淋水。

（三）定植规格

定植规格可依据园地环境条件、栽培管理水平确定，一般株行距（3～5）m×（4～6）m；每 667m² 栽 22～55 株；配置授粉树。

（四）栽植后管理

（1）淋足定根水，并覆盖杂草在树盘。

（2）在苗旁宜用竹子或树枝支撑果苗，以防风吹摇动伤根而影响成活。

三、结果树的管理

(一) 周年施肥时期和用量

(1) 花前肥。在2月上中旬施,氮、磷、钾配合。一般施复合肥0.5~1.5kg/株;如干旱结合灌水施肥。

(2) 壮果肥。在4月下旬到5月上旬谢花后施肥。施速效氮肥和钾肥各0.5~1.0kg/株,花量小的植株可不施氮肥。

(3) 采果肥。在8—9月采果后施,以氮肥为主,氮磷钾肥配合,施速效氮肥0.5~1.0kg/株加复合肥0.5~1.0kg/株。10月中旬结合灌水追施速效尿素促进晚秋梢和早冬梢萌芽;可起到延迟次年花期的效果。

(4) 基肥。在8—9月结合采果肥与基肥同时施入。结合深翻改土进行,沿树冠滴水线开环状沟,沟深40cm,沟宽30cm,基肥以厩肥、堆肥、绿肥等有机肥为主,施30~50kg/株、磷肥1.0~1.5kg/株。

(二) 结果母枝的培养

一般直径在0.7~0.9cm的结果母枝易成花且坐果率高,过粗的不易成花,过小的易成花但坐果难。

通过两次修剪来培养结果母枝:第一次在8月下旬前完成采果后的修剪;第二次在10月中旬全园灌水并施少量尿素或其他速效性氮肥,促使全园在10下旬到11月上旬有60%以上的枝梢萌芽。第二次在萌发的秋梢长到5~10cm时进行,此时疏剪过密、过弱或过强的新梢,每剪口留梢2~3条,促使选留的新梢生长壮实,在12月中下旬老熟,顺利在2月下旬到3月上旬开始抽生花穗。

(三) 花期调整技术

由于早春低温阴雨对杜果的授粉受精的危害较大,必须避开此时开花,因此,必须进行花期调整,主要方法如下所述。

(1) 人工摘除早花穗。生产上将2月中旬前抽生的花穗视为早花。一般都要控制。紫花杧等一些品种的花序再生能力强，可通过摘除早期抽生的顶生花穗，促进腋芽进行花芽分化，可推迟花期15~20d，避开3月低温阴雨天气对开花的影响。

（2）生长调节剂的应用。在合适时段叶面喷雾（试用参考浓度800~2 000mg/L），可延迟花期10d左右，1—2月早抽生的花穗人工摘除后每隔7~10d喷一次多效唑（试用参考浓度400~800mg/L），喷1~2次可延迟花期30d左右。

（3）树体管理。分为采果后修剪和果实生长期修剪。

（4）采果后修剪。结果树的修剪一般在采果后10~15d进行，不宜延迟到9月下旬以后才修剪。初结果树修剪量小。成年结果树要疏剪顶生和外围的过密枝、衰老弱枝、下垂枝、病虫害枝、枯枝回缩树冠之间的交叉枝；短截过长营养枝和结果母枝，保证树冠通风透光。

（5）果实生长期修剪。为提高果实品质，要保证树冠通风透光，6月上中旬疏剪挂果部位中上部的营养枝；疏剪遮盖果实的枝叶和果实旁"老鼠尾"状的花穗残梗；每果穗选留果实2~3个，其余的疏除。剪除影响主枝生长的辅助枝，着生位置不当的重叠枝、交叉枝以及病虫枝、徒长枝，剪掉过长、过旺枝，促进有效分枝生长。

四、果实套袋技术

（一）纸袋的选择

杧果套袋一般根据品种果实的大小，选用相应规格且质量好的杧果专用纸袋进行果实套袋。

（二）套袋时期

杧果一般在谢花后35~45d，第二次生理落果结束时进行（像鸡蛋大小）。华南地区一般要求在4月下旬至5月中旬雨季来临之前进行，套袋时间过早，由于果柄幼嫩，易受损伤而影响以后果实的生长，同时由于果实太小，不易确定果实的形状是否端正，或因生理落果而影响套袋的成功率。套袋过晚，果实过大增加了套袋的难度，易将果实套落，同时，也达不到预期的效果。套袋应选在晴天进行。

（三）杜果套袋的方法

（1）套袋前的准备。套袋前修剪，疏除病虫枝、交叉枝，并起先疏果，并剪去落果果梗；再用 1∶1∶100 波尔多液或 800 倍液施保克或 500 倍液大生等杀菌剂喷施果面。果面干后套袋，要求当天喷药当天套完。

（2）套袋操作。套袋前先将整捆果袋放在潮湿处，让它们返潮、柔韧，以便于使用，套袋时先将纸袋撑开，并用手将底部打一下，使之膨胀起来，然后，用左手两指夹着果柄，右手拿着纸袋，将幼果套入袋内，袋口按顺序向中部折叠，最后弯折封口铁丝，将袋口绑紧于果柄的上部，使果实在袋内悬空，防止袋纸贴近果皮造成摩擦伤或日灼。

第十三章 荔枝生产技术

第一节 主要栽培品种

一、早熟型

三月红、白蜡、冰糖荔、水东黑叶等。

二、中熟型

禾荔、黑叶、钦州红荔、糯米荔大造等。

三、迟熟型

灵山香荔、桂味、糯米糍等。

第二节 对环境条件要求

荔枝栽培适宜在年平均温度 18~20℃ 的地区，1 月平均温度 10~17℃，绝对温度-2℃ 以上为宜。年雨量在 1 200mm 以上，花期、小果期少雨。荔枝生长旺盛期和采果前，应无风害。

对山地红壤、黄壤、平地沙壤、黏土、冲积土适应性较强。

第三节 栽培技术

一、育苗技术

一般采用空中压条和嫁接。嫁接一般选用当地酸荔枝作糯米糙、妃子笑、大红袍的砧木。在 4—5 月进行嫁接。嫁接速度是影响嫁接成活的主要因素。

二、建园栽植

（一）园地选择

一般选择土层深厚、疏松肥沃的山坳谷地及山地建园。

（二）种植时期

一般选择春植（2—5 月）和秋植（9—10 月）。以选择在春季进行为佳，因为此时气温逐渐回升，雨水充足，日照又不太强，有利于苗木发根萌芽，成活率较高。其次是秋植，此时雨水少，气候干燥，必须注意淋水。

（三）定植密度

定植规格可依据园地环境条件、栽培管理水平确定，一般株行距（4~5）m×（5~6）m；每 667m² 栽 22~55 株；配置授粉树。

（四）开大穴、改土

在定植前 2 个月左右挖好深宽各 0.8~1m 的定植穴，穴底填入绿肥或草皮 20kg、厩肥 30kg、过磷酸钙 1kg 及石灰 0.5kg 混合堆沤，使之在定植前腐解沉实。

（五）栽植后管理

（1）保持土壤湿润，在定植 1 个月内，晴旱天气要经常淋水，一般 3~7d 淋一次。雨多时要注意排除树盘积水，特别要注意因穴土下沉而造成的植穴内积水。

（2）在风大的地方宜用竹子或树枝支撑果苗，以防风吹摇动伤根而影响成活。

（3）植后 30d，可检查植株成活情况，未成活的及时补种。

三、结果树的管理

（一）土壤管理

（1）中耕除草。每年中耕除草 2~3 次。第一次在采果前或采果后结合施肥进行，可促发新梢、加速树势恢复，宜浅耕 10 ~ 15cm。第二次在秋梢老熟后进行，深可 15 ~ 20cm，以切断部分吸收根、减少根群吸水能力、利于抑制冬梢萌发。第三次在开花前约 1 个月进行，宜浅，深约 10cm。可疏松土层、促进根系的生长和吸收。

（2）培土客土。在秋、冬季结合清园进行。于树冠下土面培泥，厚 6 ~ 10cm。切忌堆积过厚，以防生根和土层积水缺氧伤根。

（3）深翻改土。于树冠外围土层挖沟，深 0 ~ 70cm，分层压入杂草、绿肥、垃圾，以改善土壤理化性状，促进根群生长。

（二）灌溉

水分是荔枝生长发育过程中必不可少的，在抽梢的时候，施肥往往要结合灌溉，以促进根系的吸收，但在控梢的季节，不仅要控制水分的供应，而且还要通过翻土来达到控制水的目的，因为控制水分的供应，可以使枝梢生长缓慢或停止，以利于花芽分化。在 1—2 月，花芽形态分化期，若遇干旱，要灌水促花芽抽出。

（三）修剪清园

（1）修剪。采果时要一果两剪，先把果穗连同结果枝基部、甚至结果母枝下面的枝梢基部一起剪下，然后才剪下果穗。果穗下面的枝梢回缩多长，取决于结果母枝枝梢生长的好坏，生长好的回缩短些，生长差的回缩长些。采果施肥后立即进行修剪，剪去病虫枝、阴蔽枝、交叉枝、重叠枝、回缩衰退枝。修剪后，荔枝留枝梢 20 ~ 25 条为宜。

（2）清园。修剪后在树冠滴水线下挖两个长 1m，深、宽各 30 ~ 40cm 的坑，把修剪下来的枝叶和园内杂草埋入坑底，然后撒石灰 0.5kg，上层用猪粪 5 ~ 10kg、生物有机肥 3 ~ 5kg、钙镁磷肥 0.5 ~ 1kg 拌表土将坑填至高出地面 10 ~ 15cm，最后在地面撒石灰粉消毒。

（3）杀虫。全园全面喷一次农药防治病虫害。可用 10% 吡虫啉 3 000 倍液加 64% 杀毒矾 600 倍液等。

（4）衰弱树更新。视衰退程度进行回缩修剪。衰退程度轻的剪除衰弱枝，平施肥料；衰退程度重的要回缩到较大的侧枝甚至主枝，同时进行根系更新，重施有机肥。

（四）秋梢管理

（1）采果前肥。在采果前 7～10d 施下，作用是采果后加快恢复树势、促发秋梢、培养健壮结果母枝、奠定翌年丰产基础，此期以氮为主，磷、钾配合，氮施用量占全年施肥量 45%～55%，磷、钾占 30%～40%。应重视有机肥的使用，在秋季采果后和末春初施入。荔枝以土壤施肥为主，并根据各物候期的实际需要，辅以叶面喷肥。如用 0.3%～0.4% 尿素，0.3%～0.4% 磷酸二氢钾，0.03%～0.05% 复合型核苷酸，0.05%～0.1% 硼酸，0.02%～0.05% 硼砂，0.3%～0.5% 硫酸镁。

（2）适时放梢。健壮的秋梢是荔枝龙眼优良的结果母枝。通过科学的肥水管理，合理留果，修剪疏芽等综合措施，培养健壮的结果母枝。严格掌握放梢时间，使结果母枝能适时抽出，适时老熟，正常进入花芽分化。要根据不同品种、树龄、树势、挂果量、管理水平和气候特点，灵活安排采后留梢时间及次数。一般适龄树留梢二次，以秋梢作结果母枝；壮龄树留一次秋梢。在广西壮族自治区较适宜的荔枝结果母枝抽生时间是：早熟品种黑叶、香荔、糯米荔、桂味在 9 月中下旬；妃子笑和迟熟品种禾荔在 9 月下旬至 10 月上旬。

（五）控冬梢促花技术

常用的控梢促花技术除上述培养适时健壮的秋梢外还可采取断根、环割、环剥、摘除冬梢、喷施生长抑制剂等方法。

（1）断根。在末次梢充分老熟后，结合施基肥，在树冠滴水线外挖浅沟压绿或施入有机肥，如果树势较旺，估计可能抽出冬梢的，可在整个树盘翻土锄断细根。

（2）环割。多用于青壮年树，一般在 11—12 月进行，最好在直径 6～10cm 的大枝上环割，不要割树干，同时要注意掌握环割的深度，以刚达到木质部为准。

（3）螺旋形环剥。对壮旺幼年结果树，可以使用螺旋形环剥。在末次梢老熟时可使用剥口宽 0.2~0.3cm 的环剥刀环剥 1~1.5 圈，深度以刚达到木质部为准，环剥部位从离地面 25cm 以上 8~10cm 粗的主干、主枝或分枝。

（4）使用化学调控技术。使用化学药剂进行控梢促花，目前生产上采用的"荔枝专用促花剂"和"花果灵"等荔枝生长调节剂，经过多年多地区大面积使用，对提高荔枝花的质量，缩短花穗，提高雌花雄花的比例，提高坐果率和产量，均取得较显著效果。

（六）壮花保花技术

（1）施壮花肥。壮花肥一般在花穗抽出见到花蕾时施用（又称见花施肥）。施肥量视成花量及树势而定，一般每结果 50kg 的树面，施复合肥 1kg 加尿素 0.2~0.5kg，或施尿素、过磷酸钙、氯化钾各 0.5kg。另外，在开花前 20d 左右叶面喷施 0.3% 的磷酸二氢钾，或绿旺 1 号（高钾）1 000 倍液加 0.05% 的硼砂，可促进花穗发育。

（2）合理控穗。生产实践表明，一般抽生早的花穗以及过长的花穗花质差，雌花比例低，坐果率低，特别是花穗大的品种（如妃子笑)，要合理调节和控制花量，以提高坐果率。

1）人工短截花穗。短截花穗可减少花量，提高花质。花穗短截的轻重要视品种而定，对花穗再生能力强、易抽二次花穗的品种如妃子笑、三月红可重些。

2）用于控穗的药物有荔枝丰产素、乙烯利等控制花穗。

（3）防治病虫害。为害荔枝花穗的主要病虫害有荔枝椿象、荔枝瘿螨、尺蠖、蚜虫及荔枝霜疫霉病。可用克螨特、吡虫啉、灭百可、蚜力克和瑞毒霉锰锌、杀毒矾、大生 M-45、甲霜灵等药物防治。

（七）开花期管理

（1）放蜂授粉。一般要求每 3~5 亩放一箱蜂。

（2）人工辅助授粉。常用的人工辅助授粉的方法是：用湿毛巾在刚开放的雄花花穗上来回轻轻摇动，收集花粉，然后将毛巾置于清水中，反复多次，使花粉悬浮液呈淡黄色的混浊液，即喷洒到雌花上。人工授粉注意事项：一是应选择气温在16℃以上的晴天进行；二是配制的花粉液放置时间不能超过20min，否则花粉失去活力，影响授粉效果。

（八）保果技术

（1）施壮果肥。花谢花后10~15d施壮果肥，作用是及时补充开花时的消耗、保证果实生长发育所需养分、减少第二次生理落果、促进果实增大、并避免树体养分的过度消耗、为秋梢萌发打下良好基础，此次以钾为主，氮磷配合，钾占全年施肥量40%~50%，氮、磷占30%~40%。要注意根外追肥。

（2）环割。对生长壮旺的树进行，雌花谢花后10~15d开始割，在4~6cm粗的大枝上进行，割一圈，深至木质部。弱树不割。

（3）应用植物生长调节剂。在果实绿豆大时用20mg/L赤霉素保果。

（4）加强水分管理。干旱时要灌水，高温、日照强时，要对树冠喷水，雨多积水时要及时排水。

（5）及时防治病虫害。荔枝果实发育期主要病害有荔枝霜疫霉病、荔枝煤烟病、荔枝炭疽病，主要虫害有荔枝蒂蛀虫、荔枝椿象、荔枝小灰蝶等。

第十四章　龙眼生产技术

第一节　主要栽培品种

一、早熟种

主栽品种有八月鲜、扁匣榛、红壳、粉壳、大广眼、油潭本等。

二、中熟种

主栽品种有广眼、大乌圆、双孖木、粉壳、石硖、红核仔、乌龙岭、水南1号等。

三、迟熟种

主栽品种有草铺种、福眼、白露、储良、立冬本。

第二节　对环境条件的要求

龙眼生长结果需充足日光：要求年平均气温 18~26℃，最低温 2~3℃，冬季 12 月至翌年 1 月要求有适当低温 8~14℃，温度在 0~2℃会遭受冻害使顶梢枯萎；3 月平均气温较低，也难以成花。龙眼耐旱忌水浸，生长发育期间，要求有充足水分，年雨量 1 000~1 200mm 地区生长良好。龙眼对土壤适应能力强，除碱性土外的平地、冲积土以及山丘地，除碱性土外，沙壤土、红壤土、黏质土等各种土壤都能适应，瘠薄土壤宜增施有机肥或进行土壤改良。

第三节　栽培技术

一、种苗繁育

育苗一般有高压育苗和嫁接育苗两种。

（一）龙眼高压育苗

一般在 2—8 月均可进行，但以 3—4 月进行时发根良好，成功率高。操作方法是：选择生长良好的优良母株，在其上选 2~4 年生的健壮枝条进行环状剥皮，宽约 4cm，刮净红色皮层至见白为度，7d 以后，待剥口长出瘤状物用催根材料包扎，经过约 100d 以后待根长多后，再锯下假植。

（二）嫁接育苗

（1）砧木选用。共砧以及大乌圆、广眼等大核种子品种的实生苗。

（2）嫁接方法。切接（含改良切接）、枝腹接、芽腹接、舌接。

（3）嫁接时间。最好在每年的 3—5 月进行，嫁接后 1 个月可检查其成活与否，未成活者可进行补接，若已成活，则解绑，在 10~15d 后剪砧。

二、建园栽植

（一）园地选择及整理

一般选择土层深厚、疏松肥沃、排水方便的丘陵坡地建园。采用等高定点开坑或按等高线开垦成简易梯田后定点挖坑。龙眼种植前 1~2 个月要挖好种植坑，种植坑的规格为长 1m、宽 1m、深 1m 为好，挖坑时要将表土和底土分开堆放，定植前将土放回种植坑中，先放进杂草、绿肥，并撒上石灰与表土拌匀，再放入农家肥与松细土拌匀回至高出地面 30cm。

平地筑土堆，开浅穴定植。

（二）种植时期

龙眼定植可分为春植和秋植。春植在 3—4 月进行，秋季在 9—10 月进行。

（三）种植密度

一般采用的种植株行距为：行距 5~6m、株距 3~5m。种植株数平地为每 667m² 20~35 株，山地为每 667m² 35~40 株；也可进行矮化密植。

（四）栽植方法

栽植苗木应选择品种纯正、粗壮、直立的嫁接苗，以营养钵苗或者带土团的苗木为好。栽苗时在种植坑中心挖一个小坑，把苗放入坑中，种下回土以不盖嫁接节位为宜，轻压松紧适度。淋透定根水，并用稻草覆盖整个树盘。种后如果遇到干旱天气每隔 2~3d 要淋水 1 次，保持树盘湿润。下雨后要检查及时排去积水。

三、结果树管理

（一）施肥技术

结果树的施肥数量宜根据品种特性、树龄大小、树势强弱、果园土壤肥力状况、上年产量和当年的花果量多少等情况而定。周年施肥技术如下所述。

（1）基肥。要求在 1 月上中旬施，株施麸肥 0.25~0.5kg，磷肥 1kg。同时，叶面喷施 0.3% 磷酸二氢钾和 0.3% 尿素溶液或根际淋施复合肥，促使花芽及时萌动。

（2）壮花肥。一般在 2 月下旬至 3 月上旬花穗抽出后施；株施氯化钾 0.3~0.4kg 加复合肥 0.3~0.4kg，麸肥 0.25~0.5kg，对水或浅沟淋施，以促进花芽分化的数量和质量，提高抽穗率和增大花穗。

（3）保花果肥。每年 4 月下旬至 5 月在谢花后至果实黄豆般大小时施下。株施腐熟人粪尿 40kg 加麸肥 0.2~0.3kg，复合肥 0.2~0.3kg，促进果实生长，减少生理落果每株施氮磷钾三元复合肥 0.5kg。

（4）促梢壮梢肥。一般于每年 7—8 月采果前后 5d 和 9 月下旬分两次施肥，结合灌水施速效肥，梢前以氮肥为主配合磷钾肥，恢复树势，促进采后第一次秋梢及时抽发并在 9 月下旬老熟、第二次秋梢在 10 月中旬抽发能在 12 月中旬老熟。

（二）结果母枝的培养技术

根据种植地气候、树势和树龄的不同，通过采果前后的肥水管理和采果后的修剪，培养次年的结果母枝。防止植株在冬季抽生冬梢不能进行花芽分化导致次年无花或花量少。如只培养一次秋梢作结果母枝，结果母枝抽发期安排在 9 月下旬到 10 上旬。这种秋梢的结果母枝老熟后抽发冬梢可能性极小，次年抽穗率高；如要培养两次秋梢，并以第二次秋梢作次年主要的结果母枝。第一次秋梢抽发期安排在 8 月下旬到 9 月上旬，促使本次秋梢在 9 月下旬老熟，第二次秋梢抽发期安排在 10 月中下旬，促使二次秋梢在 12 月中旬老熟。

（三）控制冬梢抽生，促进花芽分化技术

（1）采果后适期培养次年结果母枝。

（2）培养秋梢的追肥以速效性肥为主，并控制氮肥用量，加大钾肥用量，不宜施用大量的迟效有机肥，末次秋梢老熟后不再施入氮肥。

（3）采后及时修剪，刺激新梢抽生。

（4）壮旺树在 11—12 月对其一级枝和二级枝的树皮光滑处进行螺旋环割。环割宽度 0.2~0.4cm，螺旋线间距为 3~5cm。螺圈 2~3 个。

（5）在末级秋梢老熟后沿树冠滴水线处深翻约 4cm，锄断部分根系并晾根 5~7d。

（6）冬梢萌发时人工及时摘除。

（7）喷药促控。

在 11—12 月使用浓度 200～400mg/L 的乙烯利；浓度 200～400mg/L 的多效唑（注意只能间隔几年使用一次），浓度800～1 000mg/L 的 B_9 溶液等化学药剂控制。这些药剂喷雾一次能抑制枝梢生长期限约 25d。也可试用花果灵、龙眼和荔枝杀梢促花素和龙眼丰产素等市场推广的控梢药剂。

第十五章 枇杷生产技术

第一节 主要栽培品种

一、早熟种

早钟 6 号、长崎早生、森尾早生等。

二、中熟种

大五星、软条白沙、安徽大红袍、龙泉 1 号、龙泉 6 号、洛阳青、解放钟、大钟、太城 4 号、茂木、长红 3 号。

第二节 对环境条件的要求

枇杷喜温暖气候，要求年平均气温 15～17℃，且无严寒，1 月平均温度 5℃，冬季最低温度不低于−5℃，少部分品种在年均温 12℃以上即可正常生长；喜空气湿润，雨量充沛，要求年降水量在 1 000mm 以上，夏末秋初干燥少雨天气有利花芽分化；光照充足有利于枇杷的花芽分化和果实发育；枇杷对土壤选择不严，一般沙质或砾质壤土、沙质或砾质黏土都能栽培；土壤 pH 值为 5.0～8.5 均可正常生长结果，最适宜 pH 值为 6.0 左右。

第三节 栽培技术

一、种苗繁育

育苗一般采用嫁接育苗。

（一）嫁接苗常用的砧木

砧木可选择普通枇杷、石楠。

（二）嫁接方法

砧木粗度达 1cm 左右时即可嫁接。常在春季 2—4 月进行；一般采用枝切接或枝腹接和剪顶留叶切接法。福建省农业科学院果树研究所试验推广的芽接育苗技术，效果很好。

二、建园栽植

（一）园地选择及整理

应选在土层深厚、土质疏松，坡度在 30°以下的坡地。平地建园以选择在地势高，地下水位低，排水良好，土层深而疏松的沙质土壤上种植为好。

坡地整地采用等高定点开坑或按等高线开垦成简易梯田后定点挖坑。种植前 1~2 个月要挖好种植坑，种植坑的规格为长 1m、宽 1m、深 0.8m 为好，先放进杂草、绿肥，并撒上石灰与表土拌匀，再放入农家肥与松细土拌匀回至高出地面 30cm 高。

平地要把地下水位放在突出位置，多采用深沟高畦，开浅穴定植。

（二）种植时期

枇杷定植可分为春植、冬植和秋植；在华南地区通常自 12 月至翌年 2 月进行冬植。在其他地区，春植在 2—3 月进行，秋植在 9—10 月进行。

（三）种植密度

一般采用的种植株行距为：行距 4~6m、株距 3~4m。种植株数平地为每 667m² 20~35 株，山地为每 667m² 35~40 株；也可进行矮化密植。

（四）栽植方法

栽植苗木应选择品种纯正、粗壮、直立的嫁接苗，以营养杯苗或者带土团的苗木为好。栽苗时在种植坑中心挖一个小坑，把苗放入坑中，种下回土以不盖嫁接节位为宜，使根系均匀分布在坑底，同时，进行前后、左右对正，校准位置，使根系舒展。再将肥土分层填入坑中，每填一层都要用脚踏实，并随时将苗木稍稍上下提动，使根系与土壤密接，宜至定植穴上的土墩高出地面20~30cm。若栽前未剪成半叶的，应于栽后剪去叶片的一半。淋透定根水，并用杂草覆盖整个树盘保湿。

三、结果树管理

（一）结果树施肥技术

施肥量以20~30kg/株的产量计算。

（1）采果肥和基肥。5—6月采果后7~10d施厩肥30~40kg/株，麸肥2kg/株，磷肥2kg/株，钾肥1kg/株。

（2）花前肥。8—9月施复合肥、麸肥各0.5~0.8kg/株。

（3）壮果肥。2月上旬施复合肥、钾肥各0.6~1.0kg/株，麸肥1.0~1.5kg/株。

（二）采果后修剪技术

枇杷采果后修剪的操作：疏剪过密枝、病虫害枝、枯枝、细弱的结果母枝，对远离主枝的结果母枝留基部10~15cm回缩更新，为避免结果部位外移，对抽发过长的春梢和强壮的结果母枝留基部5~6张叶片短截，促使腋芽萌发夏梢成为结果母枝，成枝力强的品种为培养健壮结果母枝，萌芽后要及时疏芽，留1~2个芽即可，结合疏花疏除结果母枝上抽发的部分秋梢和冬梢，每一结果母枝中只选留斜生、向外生长的新梢2个作翌年的结果基枝。基枝延伸以中心枝以下的第一侧枝作延长枝为主。

（三）疏花疏果技术

（1）疏穗疏蕾。枇杷一般在10月中下旬至11月上旬进行疏花穗，疏花穗的时间在以部分花蕾露白而未开放时为宜；7~10年生植株全树留花穗80~100穗，对留下的花穗再疏部分花蕾；

可摘除花穗上半部和基部支穗；每花穗保留中部相对集中的 3~4 个支穗；再把留下的支穗末端的花蕾摘除，只保留支穗基部的花蕾。

（2）疏果。枇杷疏果一般在 2 月中下旬进行，大果品种每果穗保留端正果形、大小一致的果实 3~4 个；中果品种每果穗留果 4~5 个；小果品种每果穗留果 6~9 个。

（四）果实套袋技术

果实套袋的时期一般在最后一次疏果完毕，病虫害发生之前进行。套袋用的果袋，一般用旧报纸或牛皮纸制作。袋的形状大小依果的大小而定，一般为长方形，大小为 20cm×13cm 的，一张报纸可做 8 个；大小为 30cm×20cm 的，一张报纸可做 4 个，袋顶两角剪开，以利通气观察。不同熟期的果实，在套的袋上要有不同标志以便成熟时分期分批采收。套袋时宜从树顶开始，先把果穗基部 3~4 张叶片整理好束在果实上面，然后用纸直接包裹或制作成纸袋，把纸的长边对折成 30cm×20cm，用订书机钉封住短边的一边即可，把果连叶包好。袋子口向下，用订书钉封口，纸袋要鼓起，避免套袋时果实与纸袋直接接触。

第十六章　核桃生产技术

核桃是我国北方栽培面积广、经济价值较高的木本油料果树。其种子具有较高的营养价值和良好的医疗保健作用，尤其是其中的亚油酸，对软化血管、降低血液胆固醇有明显作用。除此之外，核桃既是荒山造林、保持水土、美化环境的优良树种，也是我国传统的出口商品。

第一节　生长习性

一、生物特征

（一）根系

核桃为深根性果树，一般根系垂直分布在距地面 2m 的土层以上，但吸收根主要集中表土 20cm 以下距地面 1m 的土层内。水平分布较广，水平根系可达 10m 以上。

（二）芽

核桃芽分叶芽、雌花芽、雄花芽和休眠芽四种。

叶芽着生于枝条各节和顶端。

雌花芽为混合芽，多着生于枝条先端 1~3 节。

雄花芽为裸芽，多着生于顶芽以下 2~10 节。

休眠芽位于枝条中下部，刺激后抽枝。

潜伏芽着生于大枝皮层下，寿命长，更新能力强。

（三）枝

生长枝。位于树冠外围，只抽枝长叶，长 10~40cm。

徒长枝。位于内膛骨干枝上，直立，长 50cm 以上。

结果母枝。着生混合芽翌年抽结果枝的枝条，长 5~40cm。

（四）开花及坐果

雄花序着生于结果枝中下部或雄花枝上。

雄花为风媒花，传粉距离 100m 以内。

雌雄异熟性，一般雄花先开，1~5d 后雌花开放。

（五）果实发育

受精后，果实开始发育，通常经历两个时期：

（1）果实迅速生长期。40~60d。

（2）硬核期。60d 左右

落果。花后 10~15d 开始，幼果 1~2cm，落果严重。进入硬核期后停止。

二、对环境条件的要求

（一）温度

核桃是喜温果树。普通核桃适宜生长的年平均温度为 9~16℃。休眠期温度低于 -20℃ 时幼树即有冻害，低于 -26℃ 时大树部分花芽、叶芽受冻，低于 -29℃ 枝条产生冻害。铁核桃只适应亚热带气候，耐湿热，不耐寒冷。

（二）湿度

一般年降水量为 600~800mm 且分布均匀的地区基本可满足核桃生长发育的需要。核桃对空气湿度适应性强，但对土壤水分较敏感。一般土壤含水量为田间最大持水量的 60%~80% 时比较适合于核桃的生长发育，当土壤含水量低于田间持水量的 60% 时（或土壤绝对含水量低于 8%~12%）核桃的生长发育就会受到影响，造成落花落果，叶片枯萎。

（三）光照

核桃属喜光树种。最适宜光照度为 60 000lx，结果期要求全年日照在 2 000h 以上，低于 1 000h 则核壳核仁发育不良。特别是雌花开花期，光照条件良好，可明显提高坐果率，若遇低雨低温天气，极易造成大量落花落果。

（四）土壤

核桃要求土质疏松、土层深厚、排水良好的土壤。在含钙的微碱性土壤上生长良好，适宜 pH 值为 6.5~7.5，土壤含盐量应在 0.25% 以下，稍微超过即会影响生长结实。

第二节　生产技术

萌芽前 15~20d，疏除树上 90%~95% 的雄花芽，以减少养分和水分消耗，提高坐果率。开花期去雄花，人工辅助授粉。去雄花最佳时期在雄花芽开始膨大时。疏除雄花序之后，雌花序与雄花数之比在 1：（30~60）。但雄花芽很少的植株和刚结果的幼树，最好不疏雄花。人工辅助授粉花粉采集在雄花序即将散粉时（基部小花刚开始散粉）进行。授粉最佳时期是雌花柱头开裂并呈八字形，柱头分泌大量黏液且有光泽时最好。具体方法是先用淀粉或滑石粉将花粉稀释成 10~15 倍，然后置于双层纱布袋内，封严袋口并拴在竹竿上，在树冠上方轻轻抖动即可。或将花粉与面粉以 1：10 的比例配制后用喷雾器授粉或配成 5 000 倍液后喷洒。具体时间以无露水的晴天最好，一般 9：00—11：00 时，15：00—17：00 时效果最好。进入盛花期喷 0.4% 硼砂或 30mg/L 赤霉素，可显著提高坐果率。为提高果实品质，坐果后可进行疏果。

核桃应在果皮由绿变黄绿或浅黄色，部分青皮顶部出现裂纹，青果皮容易剥离，有以上现象的果实已显成熟时采收。采收方法分人工采收和机械采收两种。人工采收是在核桃成熟时，用长杆击落果实。采收时应由上而下、由内而外顺枝进行。此法适合于零星栽植。发达国家多采用机械采收。具体做法是在采摘前 10~20d，向树上喷洒 500~2 000mg/kg 的乙烯利催熟，然后用机械振落果实，一次采收完毕。此法省工、效率高，但易早期落叶而削弱树势。果实从树上采下后，应尽快放在阴凉通风处，不应在阳光下暴晒。采收后要及时进行脱青皮、漂白处理。脱青皮多采用堆积法，将采收的核桃果实堆积在阴凉处或室内，厚50cm左右，上面盖上湿麻袋或厚10cm的干草、树叶，保持堆内温湿度、促进后熟。一般经过3~5d青皮即可离壳，切忌堆积时间过长。为加快脱皮进程也可先用3 000~5 000mg/kg乙烯利溶液浸蘸30s再堆积。脱皮后的坚果表面常残存有烂皮等杂物，应及时用清水冲洗3~5次，使之干净。为提高坚果外观品质，可进行漂白。常用漂白剂是：漂白粉1kg+水（6~8）kg或次氯酸钠1kg+水30kg。时间10min左右，当核壳由青红色转黄白色时，立即捞出用清水冲洗两次即可晾晒。

第十七章　草莓生产技术

草莓是多年生常绿草本果树。其浆果营养丰富，经济价值较高，具有一定的医疗保健价值。草莓浆果成熟较早，一般5—6月即可上市，对保证果品周年供应起一定作用。草莓除鲜食外，还可加工成草莓酱、草莓酒、草莓汁等，经济价值较高。草莓适应性也强，栽培管理容易，结果较早，较丰产。

第一节　生物学特征

草莓属于多年生草本植物，植株矮小，呈半平卧丛状生长，根系属须根系，在土壤中分布较浅。草莓的茎呈短缩状，分地上和地下部分，地上短缩茎节间极短，节密集，其上密集轮生叶片，叶腋部位着生腋芽。地下短缩茎为多年生，是贮藏营养物质的器官，也可发育成不定根。匍匐茎是草莓的特殊地上茎，是其营养繁殖器官，茎细，节间长，一般坐果后期发生。叶属于基生三出复叶，呈螺旋状排列，在当年生新茎上总叶柄部与新茎连接部分，有两片托叶顶端膨大，圆锥形且肉质化。离生雄蕊20~35枚。雌蕊离生，呈螺旋状排列在花托上，数目从60~600不等。花序为二歧聚伞花序至多歧聚伞花序。果实为假果。果实成熟时果肉红色、粉红色或白色。

第二节　对环境条件的要求

一、温度

草莓对温度适应性强。春季当气温达5℃时，开始生长。此时抗寒能力降低，遇到-9℃的低温就会受冻害，-10℃时大多数植株死亡。草莓根系在10℃时生长较快，最适宜生长温度为18~20℃。秋季气温降到2~8℃时，根生长减弱。地上部生长发育最适宜温度为20~26℃。开花期低于0℃或高于40℃，都影响授粉、受精和种子的发育。花芽分化应在低于17℃条件下进行，当降到5℃以下时，花芽分化停止。

二、水分

草莓生长发育过程中需要充足的水分。但在不同生长发育期，对水分要求量不一致。早春开始生长期和开花期，要求水分不低于土壤最大持水量的70%，果实生长和成熟期需要水分最多，要求在土壤最大持水量的80%以上，果实采收后植株进入旺盛生长期，要求土壤含水量在70%左右，秋季9月、10月植株要求水分较少，土壤含水量要求60%。不仅土壤含水量对草莓植株生长发育有影响，而且空气相对湿度也有影响。空气相对湿度过高或过低均不利于草莓花药开裂和花粉萌发。一般以空气相对湿度达40%左右最适宜花药开裂和花粉萌发。随着空气相对湿度增加，花药开裂率直线下降，当空气相对湿度达到80%时，花药开裂率和花粉萌发率均很低。

三、光照

草莓喜光，又比较耐阴，可在果树行间种植。草莓不同生育阶段对光照要求不同。在花芽形成期，要求每天10~12h的短日照和较低温度；花芽分化期需要长日照。在开花结果期和旺盛生长期，草莓需要每天12~15h的较长日照时间。

四、土壤

草莓适宜在疏松肥沃、地下水位较低（1m以下）、通气良好的呈中性或微酸性的沙壤土上生长良好。沼泽地、盐碱地、黏土、沙土都不适于栽植草莓。一般黏土上生长草莓果实味酸、色暗、品质差，成熟期比沙土晚 2~3d。

第三节　生产技术

一、育苗

草莓育苗方法有匍匐茎分株、新茎分株、播种、组织培养等，目前生产上主要以匍匐茎苗进行繁殖。匍匐茎分株繁殖草莓，生产上常有两种方式：一是利用结果后的植株作母株繁殖种苗，当生产田果实采收后，就地任其发生匍匐茎，形成匍匐茎苗，秋季选留较好的匍匐茎苗定植。该方法产生的茎苗弱而不整齐，直接影响第二年产量，一般减产 30% 以上。二是以专用母株繁殖秧苗，就是母株不结果，专门用以繁殖苗木。此方法可以培育壮苗，可在生产上大面积推广。

（一）繁殖田准备

繁殖田选择疏松、有机质含量在 1% 以上的土壤，排灌方便的地块。定植前整地作畦，每 $667m^2$ 施充分腐熟农家肥 4~5t，尿素 15kg，耕翻、耙平、清除杂草，做成平畦或高畦，畦宽 1m。

（二）母株选择和定植

母株选择品种纯正、植株健壮、根系发育良好、无病虫害的植株。9 月上中旬定植。在每畦中部定植 1 行，株距 30~40cm。根据品种抽生匍匐茎的能力，抽生强的品种适当稀些，抽生弱的适当密些。栽植时植株根系自然舒展。培土程度为土覆平后既不埋心又不露根为宜。

（三）繁殖田的管理

母株越冬后早春抽生花序，及时彻底摘除。匍匐茎抽生时期，加强土、肥、水管理。土壤保持湿润、疏松，每 $667m^2$ 适当追 N、P、K 三元复合肥 10kg，施肥后及时灌水，松土除草。在 6 月匍匐茎大量发生时期，经常使匍匐茎合理分布，进行压土。干旱时选早晨或傍晚每周灌水一次。7—8 月匍匐茎旺盛生长期，在匍匐茎爬满畦面出现拥挤时，及时间苗、摘心。8 月底形成的茎苗可在 8 月上中旬各喷一次 2 000mg/kg 矮壮素。匍匐茎抽生差的品种喷洒植物赤霉素（GA$_3$）50mg/L。四季草莓品种在 6 月上、中、下旬和 7 月上旬各喷 1 次 50mg/kg 的 GA$_3$，每株喷 5ml，结合摘除花序，效果明显。

（四）茎苗假植及管理

茎苗假植时间在 8 月下旬至 9 月上旬。假植地块要求排灌水方便，土壤疏松肥沃。在整地作畦时撒施足量的腐熟有机肥及适量的复合肥。在假植苗起出前一天对母株田浇水。茎苗起出后，立即将根系浸泡在 70%甲基托布津可湿性粉剂 300 倍液或 50%多菌灵液 500 倍液中 1h。假植株行距（12～15）cm×（15～18）cm。假植时根系垂直向下，不弯曲，不埋心，假植后浇水。晴天中午遮阴，晚上揭开。一周内早晚浇水，成活后追一次肥，9 月中旬追施第二次肥，追施 N、P、K 三元复合肥 12～15g/m^2。经常去除老叶、病叶和匍匐茎，保留 4～5 片叶。假植一个月后，控水促进花芽分化。

二、植株管理

草莓必须及早摘除匍匐茎。摘除匍匐茎比不摘除能增产 40%。草莓一般只保留 1～4 级花序上的果，其余及早疏除，每株留 10～15 个果。为提高果实品质，在花后 2～3 周内，在草莓株丛间铺草，垫在花序下面，或者用切成 15cm 左右的草秸围成草圈垫在果实下面。适时摘除水平着生并已变黄的叶片，以改善通风透光条件，减轻病虫害发生。

第十八章　板栗生产技术

板栗根深叶茂，适应性强，较耐干旱和瘠薄，栽培容易，管理方便，适宜在山区发展。对山区经济的振兴和生态环境的改善效果非常显著。

第一节　生长习性

一、生物学特征

板栗多为高大乔木，寿命较长，但结果较晚，实生树一般5~8年开始结果，15~20年进入盛果期，50~60年生结实最多，盛果期可延续百年以上。嫁接树2~3年即能结果。

（一）根系

板栗为深根性果树，主根可深达4m，但大多数根系分布在20~80cm的土层内，根系分布深浅受土层厚薄的影响。大树根系的水平分布可达1.5m以上，水平根扩展范围可为冠径的3~5倍，强大的根系是板栗抗旱耐瘠薄的重要因素。侧根细根发达，须根前端常有白色菌丝呈分枝状，为板栗的共生菌根，对板栗的生长和结果有显著的促进作用，同时也是板栗适应性强的重要原因。板栗根系受伤后再生能力弱，需经较长时间才能萌发新根，在栽植时要少伤根，特别是大根。

（二）芽

板栗的芽按性质可分为叶芽、完全混合芽、不完全混合芽和副芽（休眠芽）四种。幼旺树叶芽着生在旺盛枝条的顶部和其中下部。进入结果期的树，多着生在各类枝条的中下部。芽体瘦小，芽顶尖，茸毛较多。多数品种不经短截不萌发或萌发形成弱枝。完全混合花芽着生于结果枝顶端及其以下数节，芽体肥大，发育充实、饱满，芽形钝圆，茸毛较少，外层鳞片较大，部分品种在枝条的中下部也能形成完全混合花芽。完全混合花芽翌春萌芽后抽生的结果枝既有雄花序也有雌花序。不完全混合花芽一般着生于完全混合花芽的下部或较弱枝的顶端及下部，芽体比完全混合花芽略小，萌发后抽生带花序的雄花枝。副芽又称休眠芽或饮芽，着生在各类枝条的基部短缩的位节上，芽体极小，一般不萌发，呈休眠状态，寿命长。遇刺激或前部枝条衰老时，萌发抽生徒长枝。

（三）枝

板栗的枝条分为营养枝、结果枝、结果母枝和雄花枝四种。①营养枝由叶芽或副芽萌发而成，不着生雌花和雄花。根据枝条生长势不同，可将其分为徒长枝、营养枝和细弱枝三种。徒长枝由枝干上的副芽萌发而成，年生长量 50～100cm，生长旺，节间长，组织不充实是老树更新和缺枝补空的主要枝条，一般 30cm以上的徒长枝通过合理修剪，3～4 年后也可开花结果；营养枝又称发育枝，由叶芽萌发而成，年生长量 20～40cm，生长健壮，无混合芽，是扩大树冠和形成结果母枝的主要枝条，生长充实、健壮的枝可转化为结果母枝，来年抽梢开花结果；细弱枝由枝条基部叶芽抽生，生长较弱，长度在 10cm 以下，不能形成混合芽，翌年生长很少或枯死。②结果枝是结果母枝上完全混合花芽萌发抽生的、具有雌雄花序能开花结果的新梢。从结果枝基部第 2～4节起，直到第 8～10 节止，每个叶腋间着生柔荑雄花序。在近顶端的 1～4 节雄花基部，着生球状雌花簇。③结果母枝是指着生完全混合芽的 1 年生枝条。大部分的结果母枝是由去年的结果枝转化而来。此外，雄花枝和营养枝也有形成结果母枝的，结果母枝顶端一至数芽为混合芽，抽生结果枝，下边的芽较弱，只能形成雄花枝和细弱营养枝。④雄花序由分化较差的混合芽形成，大多比较细弱，枝条上只有雄花序和叶片，不结果。一般情况下，当年也不能形成结果母枝。

二、对环境条件要求

（一）温度

北方板栗适于冷凉干燥气候，南方板栗适于温暖湿润气候。板栗要求年平均气温为 10~15℃，生长期（4—10 月）平均气温 16~20℃；冬季不低于-25℃；开花期为 17~27℃。一般情况下北方板栗产量高，品质好。

（二）光照

板栗为喜光树种。当内膛着光量占外围光照量的 1/4 时枝条生长势弱，无结果部位。光照不足 6h 的沟谷地带，树冠直立，枝条徒长，叶薄枝细，老干易光秃，株产低，坚果品质差。在板栗花期，光照不足则会引起生理落果。建园时，应选择日照充足的阳坡或开阔的沟谷地较为理想。

（三）水分

板栗树虽较抗旱，但在生长期对水分仍有一定要求。新梢和果实生长期供应适量水分，可促进枝梢健壮和增大果实。一般年降水量 500~1 000mm 的地方最适于板栗树生长。

（四）土壤

板栗树对土壤适应性广泛，以土层深厚、有机质多、保水排水良好的砾质壤土最适宜板栗树生长。其适宜的土壤含水量相当于田间持水量的 30%~40%。超过 60%，易烂根，低于 12%，树体衰弱，降至 9% 时，树可枯死。板栗对 pH 值的适应范围是 4.6~7.0，以 pH 值 5.5~6.5 最为适宜；pH 值超过 7.6 则生长不良。板栗正常生长，要求含盐量在 0.2% 以下，且板栗是高锰作物。pH 值增高，土壤中锰呈不溶状态，影响其对锰的吸收，树体发育不良，叶片发黄。

（五）地势

板栗自然分布区地势差别较大，海拔 50~2 800m 均可生长板栗。我国南北纬度跨度较大，但在海拔 1 000m 以上的高山地带，板栗仍可正常生长结果。处于温带地区的河北、山东、河南等地，板栗经济栽培区要求海拔在 500 m 以下，海拔 800 m 以上的山地出现生长结果不良现象。在山地建园对坡地要求不太严格，可在 15°以下的缓坡建园，15°~25°坡地建园要修建水土保持工程。30°以上陡坡，可作为生态经济林和绿化树来经营。

（六）风和其他

花期微风对板栗树授粉有利，但板栗不抗大风，不耐烟害，空气中氯和氟等含量稍高，栗树易受害。

第二节　建园

板栗园地应选择土层深厚、排水良好、地下水位不高的沙壤土、沙土或砾质土及退耕地等。土壤宜微酸性，要求光照充足，空气干爽。在山坡地造林应选择南坡、东南坡或西南坡为宜。整地一般在板栗栽植前的 3 个月进行。整地方法常采用水平梯地整地和鱼鳞坑整地。水平梯地整地就是沿等高线修水平梯地。以等高线为中轴线，在中轴线上侧取土填到下侧，保持地面水平，然后在地上挖坑栽树。该法适用于坡度在 20°以下的山地。在坡度较陡或地形复杂的栗园，则可采用鱼鳞坑整地。其方法是：按照需要栽植的株行距，以栽植点为中心。由上部取土修成外高里低、形似鱼鳞状的小台田。无论哪种整地方法，挖穴时要将生土和熟土分开堆放，然后施入农家肥或秸秆、杂草、油渣等，再将熟土回填。造林宜采用 1~2 年生大苗，苗高不低于 1m，地径不小于 0.8~1cm，根系发达完整，生长健壮，无病虫害，无机械损伤。板栗栽植密度要根据地形、土质条件及品种特性而定。一般栽植密度以 3m×4m 为宜。挖苗时应尽可能少损伤侧根和须根，已经损伤的根应剪平伤口，主根过长时可以截短一些。如果挖出的栗苗不能马上定植或需远距离运输时，应进行泥浆蘸根，然后再假植或包装运输。栽植穴宽 80cm，深 80cm。每穴施入充分腐熟的有机肥料 30~50 kg，将肥料和熟土混合均匀、踏实即可。栽植在秋季落叶到春季萌发前均可进行。除寒冷地区外，以秋季栽植为好。栽植要求是树要栽端，土要踏实，根要舒展，树苗埋土一半时，将树苗向上轻轻提一下，可使根系舒展。栽植的深度，保持原来的入土深度，栽好后踏实树干基部周围的覆土，并及时进行浇水，以提高栽植成活率。选用 2 种以上优良品种混合栽植，一般主栽品种与授粉品种比例是（4~8）∶1。

第三节　土肥水管理

休眠期进行耕翻，萌芽前每 667m² 施纯氮 12kg，以促进花的发育，施肥后灌水。枝条基部叶刚展开由黄变绿时，根外喷施 0.3%尿素+0.1%磷酸二氢钾+0.1%硼砂混合液，新梢生长期喷 50mg/kg 赤霉素，以促进雌花发育形成。开花前追肥，每 667m² 追施纯氮 6kg，纯磷 8kg，纯钾 5kg，追肥后浇水；清耕栗园进行除草松土，行间适时播种矮秆 1 年生作物或绿肥。7 月下旬至 8 月初，果实迅速膨大期施增重肥，每 667m² 施纯氮 5kg，纯磷 6kg，纯钾 20kg，根据土壤含水量浇增重水。种植绿肥的果园翻压肥田或刈割覆盖树盘。采收前 1 个月或半个月间隔 10~15d 喷 2 次 0.1%磷酸二氢钾。果实采收后叶面喷布 0.3%的尿素液。10 月施基肥，每 667m² 施充分腐熟的土杂肥 3 000kg+纯氮 5kg。对空苞严重的果园同时土施硼肥，方法是沿树冠外围每隔 2m 挖深 25cm，长、宽各 40cm 的坑，大树施 0.75kg，将硼砂均匀施入穴内，与表土搅拌，浇入少量水溶解，然后施入有机肥，再覆土灌水。

第四节　花果管理

雄花序长到 1~2cm 时，保留新梢最顶端 4~5 个雄花序，其余全部疏除。一般保留全树雄花序的 5%~10%。采用化学疏雄的方法是在混合花序 2cm 时喷 1 次板栗疏雄醇。雄花序长到 5cm 时喷施 0.2%尿素+0.2%硼砂混合液，空苞严重的栗园可连续喷 3 次。当 1 个花枝上的雄花序或雄花序上大部分花簇的花药刚刚由青变黄时，在 5:00 前采集雄花序制备花粉。当一个总苞中的 3 个雌花的多裂性柱头完全伸出到反卷变黄时，用毛笔或带橡皮头的铅笔，蘸花粉点在反卷的柱头上。也可采用纱布袋抖撒法或喷粉法进行授粉；夏季修剪并疏栗蓬，及早疏除病虫、过密、瘦小的幼蓬，一般每个节上只保留 1 个蓬，30cm 的结果枝可保留 2~3 个蓬，20cm 的结果枝可保留 1~2 个蓬。

第十九章　柿的生产技术

柿是我国主要果树树种之一，柿树具有寿命长、产量高、收益大、易管理的优点，发展柿树生产对增加农民收入、调整农业产业结构方面具有重要的意义。

第一节　生长习性

一、生长结果习性

柿树嫁接后 5~6 年开始结果，15 年后进入盛果期，经济寿命在 100 年以上。丰产园 3~4 年开始结果，5~6 年进入盛果期。

（一）根系

柿根系分布取决于砧木。君迁子作砧木，根系发达，分枝力强，细根多。根系大多分布在 10~40cm 深土层中；垂直根深达 3m 以上，水平分布为冠径的 2~3 倍。柿根系单宁含量多，受伤后难愈合，发根困难，应注意保护根系。根系春季开始生长晚于地上部，一般地上部展叶时开始生长。

（二）枝条

柿枝条分为营养枝、结果枝和结果母枝。结果母枝是指着生混合花芽的枝条；结果枝是指由混合花芽抽生的枝条，大多由结果母枝的顶芽及其以下 1~3 个侧芽发出，再往下的侧芽的抽生为营养枝。营养枝是不能开花结果的枝，其上着生叶片进行光合作用制造有机营养物质，其一般短而弱。柿结果枝第 3~7 节叶腋间着生花蕾，开花结果，着生花的各节没有叶芽，开花结果后成为盲节。柿在平均温度 12℃以上时萌芽。新梢生长以春季为主，成年树一般只抽生春梢，生长量较小，幼龄树和生长势旺的树可生长 2~3 次梢。柿树顶端优势和层性都比较明显，但新梢生长初期先端有下垂性，枯顶后不再下垂。

（三）芽

柿树芽分叶芽和花芽两种。花芽为混合花芽。叶芽较瘦小，着生于 1 年生枝的中下部，萌发后抽生营养枝。花芽较肥大，位于 1 年生枝的顶部 1~3 节，萌发后抽生结果枝。柿树枝条顶芽为伪顶芽。枝条基部有两个鳞片覆盖的副芽，常不萌发而成为潜伏芽，其寿命较长。

柿树的花芽分化在新梢停止生长后 1 个月，大约在 6 月中旬，当新梢侧芽内雏梢具有 8~9 片叶原始体时，自基部第 3 节开始向上，在雏梢叶腋间连续分化花的原始体。每个混合花芽一般分化 3~5 朵花。

（四）花

柿树的花有雌花、雄花、两性花三种类型。一般栽培品种仅生雌花，单生于结果枝第 3~7 节叶腋间，雄蕊退化，可单性结实。雄花 1~3 朵聚生于弱枝或结果枝下部，呈吊钟状。

柿树在展叶后 30~40d，日均温达 17℃ 以上时开花，花期 3~12d，大多数品种为 6d。

（五）果实

柿果实是由子房发育而成的浆果。果实发育过程分为 3 个明显的阶段：第一阶段为开花后 60d 以内，幼果迅速膨大，最后基本定形；第二阶段自花后 60d 至着色，果实停长后或间歇性膨大；第三阶段从果实着色至采收，果实又明显增大。

（六）落花落果

柿的落花落果包括落蕾、落花和落果。开花前落蕾，落花在 5 月上中旬，部分花脱落。幼果形成后有落果现象，以后 2~3 周较重，6 月中旬以后落果减轻，8 月上中旬至成熟落果很少。

二、对环境条件要求

（一）温度

柿树喜温耐寒。在年平均温度 10.0~21.5℃，绝对最低温度不低于-20℃的地区均可栽培，但以年平均气温 13~19℃最为适宜。并且甜柿耐寒力比涩柿弱，要求生长期（4—11 月）平均气温在 17℃以上。冬季低于-15℃时易发生冻害。

（二）水分

柿树耐湿抗旱。在年降水量 500~700mm、光照充足地方，生长发育良好，丰产优质。由于柿树根系分布深广，故较耐旱，一般在年降水量 450mm 以上地方，不需灌溉，但在开花坐果期，发生干旱，易造成大量落花落果。

（三）光照

柿树喜光，但也较耐阴。一般在光照充足地方，柿树生长发育好，果实品质优良。对于甜柿要求 4—10 月日照时数在 1400h以上。

（四）土壤

柿树对土壤要求不严，山区、丘陵、平地、河滩均能生长。但以土层深 1m、土壤 pH 值 6.0~7.5、含盐量 0.3%以下、地下水位在 1.5m 以下，保水排水良好的壤土和黏壤土为宜。

第二节　生产技术

柿树开花前疏花蕾。保留结果枝发育最大，开放最早的花蕾，其余疏除。始果期幼树主侧枝上花蕾全部疏除。甜柿品种果园放蜂或人工辅助授粉；花期喷 0.1%硼砂+300mg/kg 赤霉素；或用 0.3%尿素+0.1%硼砂+0.5%磷酸二氢钾，以提高坐果率。花后 35~40d 早期生理落果后疏果。首先疏除病虫果、伤果、畸形果、迟花果及易日灼果，保留不受日光直射的侧生果或下垂果，保留个大、整齐、深绿色，萼片大而完整的果实。保留 1 枝 1~2 个果，或 15~18 片叶留 1 个果。叶片在 5 片以下的小枝和主侧枝延长枝上不留果。

根据柿果用途适期采收。榨取柿漆用果实在单宁含量最高的 8 月下旬采收；涩柿鲜食品种在果实由绿变黄尚未变红色时采收；制柿饼用果实在果皮黄色减褪呈橘红色时采收；软柿（烘柿）鲜食，在充分成熟、呈现固有色泽而未软化时采收；甜柿品种在充分成熟、完全脱涩、果皮由黄变红色、果肉尚未软化时采收。采收采用折枝法或摘果法。折枝法是用手、夹杆或挠钩将果实连同果枝上中部一同折下。摘果法是用手或采果器将柿果逐个摘下。二者交替使用。采收时轻拿轻放，采后及时剪去果柄，并在分级时将萼片摘去。

第二十章 李、杏生产技术

第一节 杏、李的生物学习性

一、杏树的生物习性

杏树是蔷薇科、李属梅亚属的一种落叶乔木，在自然生长时，树冠高达 10m 以上，树龄一般 50~80 年，如条件适合，单株寿命可达 200~300 年。

（一）根

杏是深根性果树，根系生长能力极强，侧根多呈直角着生，多数分布在 10~50cm 土层。根组织细胞体积小，厚壁细胞壁厚、细胞排列紧密，组织不易失水，所以杏根具有较高的抗旱力。

（二）芽

杏树的芽属早熟性芽，很小，根据外部形态和内部构造分为叶芽和花芽两大类，叶芽瘦小，呈长三角形，内含有枝叶原始体，萌发后根据营养状况及着生的位置，成为长、中、短枝，是扩大树冠和增加结果面积的基础。杏树的花芽是纯花芽，比较肥大。杏树潜伏芽的寿命很长，20~30 年后，当主枝受到强烈刺激时，仍可萌发成枝，这为进入衰老期的杏树树冠更新复壮创造了有利条件。

（三）开花结果习性

由于杏树具有早熟性的芽，因种子实生繁殖的杏苗，一般在 3~4 年后开始结果、用嫁接法繁殖杏树苗第二年就可开花结果，定植后 7 年左右进入盛果期，以 15~30 年生杏树产量最高，盛果期可维持 30~40 年之久，如果栽培管理条件能够满足杏树生长要求，盛果期持续时间还会更长，杏的花芽多为侧芽，生长过旺的徒长枝上不易形成花芽，在生长势中庸和健壮的结果枝上，花芽形成较多。

二、李树的生长习性

（一）根系

1. 砧木

李树栽培上应用的多为嫁接苗木，砧木绝大部分为实生苗，少数为根蘖苗。李树的根系属浅根系，多分布于距地表 5~40cm 的土层内，但由于砧木种类不同根系分布的深浅有所不同，毛樱桃为砧木的李树根系分布浅，0~20cm 的根系占全根量的 60% 以上，而毛桃和山杏砧木的分别为 49.3% 和 28.1%。山杏砧李树深层根系分布多，毛桃砧介于二者之间。

2. 根系活动规律

根系的活动受温度、湿度、通气状况、土壤营养状况以及树体营养状况的制约。根系一般无自然休眠期，只是在低温下才被迫休眠，温度适宜，一年之内均可生长。土温达到 5~7℃ 时，即可发生新根，15~22℃ 为根系活跃期，超过 22℃ 根系生长减缓。土壤湿度影响到土壤温度和透气性，也影响到土壤养分的利用状况，土壤水分为田间持水量的 60%~80% 是根系适宜的湿度，过高过低均不利于根系的生长。根的生长节奏与地上部各器官的活动密切相关。一般幼树一年中根系有三次生长高峰，一般春季温度升高根系开始进入生长高峰，随开花坐果及新梢旺长生长减缓。当新梢进入缓慢生长期时进入第二次生长高峰。随果实膨大及雨季秋梢旺长又进入缓长期。当采果后，秋梢近停长土温下降时，进入第三次生长高峰。结果期大树则只有两次明显的根系生长高峰。了解李树根系生长节奏及适宜的条件，对李树施肥、灌水等重要的农业技术措施有重要的指导意义。

（二）枝、芽

李树的芽分为花芽和叶芽两种，花芽为纯花芽，每芽中有1~4朵花。叶芽萌发后抽枝长叶，枝叶的生长同样与环境条件及栽培技术密切相关。在北方李树一年之中的生长有一定节奏性，如早春萌芽后，新梢生长较慢，有7~10d的叶簇期，叶片小、节间短，芽较小，主要靠树体前一年的贮藏营养。随气温升高，根系的生长和叶片增多，新梢进入旺盛生长期，此期枝条节间长，叶片大，叶腋间的芽充实、饱满，芽体大。此时是水分临界期，对水分反应较敏感，要注意水分的管理，不要过多或过少。此期过后，新梢生长减缓，中、短梢停长积累养分，花芽进入旺盛分化期。雨季后新梢又进入一次旺长期—秋梢生长。秋梢生长要适当控制，注意排水和旺枝的控制，以防幼树越冬抽条及冻害的发生。

三、李树对外界环境条件的要求

（一）光照

李树是喜光果树，在良好的光照条件下树势旺盛、生长健壮、叶片浓绿、产量高、品质好。若光照不足，枝条细弱，花芽少而不充实，产量低。所以，李树要通过整形修剪的办法，避免枝条重叠，使叶面积分布匀称，提高光能利用率。在李树的建园中，要特别注意选择园地，合理安排栽培密度和方式。

（二）温度

李树对温度适应性较强，但在它的生长季节，仍然需要适宜的温度，才能使生长发育与开花结果良好。李树花期最适宜的温度为12~16℃，不同发育阶段对低温的抵抗能力不同，如花蕾期-1.1~5.5℃就会受害；花期和幼果期-0.5~2.2℃则会受害。李树的花期早，花易遭受晚霜严重冻害，为了获得李树的高产稳产，应采取有效的防霜措施。可采用树干涂白、霜前灌水及熏烟防霜法。

(三) 水分

李树对土壤水分反应敏感。在开花期多雨或多雾能妨碍授粉；在生长期，如果水分过多，能使李树的根缺乏氧气，而且土壤中还积累了二氧化碳和有机酸等有毒物质，因而影响了根系的发育，严重的可使植株窒息而死。所以，李树宜栽在地下水位低、无水涝危害的地方；在幼果膨大初期和枝条迅速生长时缺水，则严重影响果实发育而造成果实的脱落，减少产量。

(四) 土壤

李树对土壤要求不严，只要土层较深、土质疏松、土壤透气良好和排水良好的平地和山地都可以种植。对低洼地必须挖深沟，起高畦种植，以利于排水防涝。

四、杏对外界环境条件的要求

(一) 温度

杏树对环境条件的适应性极强。在我国普通杏树从北纬23°~48°，海拔3 800m以下都有分布。主产区的年平均气温为6~14℃。杏树休眠期能抵抗-40~-30℃的低温，例如：龙垦1号可抵抗-37.4℃低温，但品种间差异较大。杏树的适宜开花温度为8℃以上，花粉发芽温度为18~21℃。早春萌芽后，如遇-3~-2℃低温，已开的花就会受冻，受冻的花中雌蕊败育的比例较高。在中国杏树的主产区花期经常发生晚霜为害。杏果实成熟要求18.3~25.1℃。在生长期内杏树耐高温的能力较强。

(二) 光照

杏树喜光。光照充足，生长结果良好。光照不良则枝叶徒长，雌蕊败育花增加，严重影响果实的产量和品质。

(三) 水分

杏树抗旱力较强，但在新梢旺盛生长期、果实发育期仍需要一定的水分供应。杏树极不耐涝，如果土壤积水1~2d，会导致病虫害严重，果实着色差，品质下降，发生早期落叶，甚至全株死亡。

（四）土壤

杏树对土壤要求不严，平原、高山、丘陵、沙荒、轻盐碱土上均能正常生长，但以排水良好、较肥沃的沙壤土为好。

第二节 生产技术

一、休眠期修剪

（一）李、杏树初果期修剪

李、杏树初果期长势很旺，生长量大，生长期长。此期的修剪任务主要是尽快扩大树冠，培养全树固定骨架，形成大量的结果枝，为进入结果盛期获得丰产做好准备。李树休眠期修剪以轻剪缓放为主，疏除少量影响骨干枝生长的枝条，对于骨干枝适度短截，促进分枝，以便培养侧枝和枝组，扩冠生长。李子树一般延长枝先端发出 2~3 个发育枝或长果枝，以下则为短枝、短果枝和花束状果枝；直立枝和斜生枝多而壮，有适当的外芽枝可换头开张角度。

杏树休眠期修剪任务主要是短截主、侧枝的延长枝，一般剪去 1 年生枝的 1/4~1/3 为宜。少疏枝条，多用拉枝、缓放方法促生结果枝，待大量结果枝形成后再分期回缩，培养成结果枝组，修剪量宜轻不宜重。在核果类果树中，杏萌芽率和成枝率较低。一般剪口下仅能抽生 1~2 个长枝，3~7 个中短枝，萌芽率在 30%~70%，成枝率在 15%~60%。杏幼树生长强壮，发育枝长可达 2m，直立，不易抽生副梢，多呈单枝延长。发育枝短截过重，易发粗枝，造成生长势过旺，无效生长量过大；短截过轻，剪留枝下部芽不易萌发，会形成下部光秃现象。因此，杏初果期树的延长枝短截应以夏剪为主，通过生长期人工摘心或剪截可促发副梢，加快成形。

（二）李、杏树盛果期修剪

盛果期的李树，因结果量逐年增加，枝条生长量逐年减少，树势已趋稳定，修剪的目的是平衡树势，复壮枝组，延长结果年限。盛果期骨干枝修剪要放缩结合，维持生长势。上层和外围枝疏、放、缩结合。加大外围枝间距，以保持在40~50cm为宜。对树冠内枝组疏弱留强，去老留新，并分批回缩复壮。

盛果期杏树产量逐年上升，树势中等，生长势逐渐减弱。修剪的主要任务是调整生长与结果的关系，平衡树势，防止大小年的发生，延长盛果期的年限，实现高产、稳产、优质。主要任务有：延长枝剪去1/3~1/2，疏除部分花束状结果枝。对生长势减弱的枝组回缩到抬头枝处，恢复生长势，改善光照条件。骨干枝衰老后，可按照粗枝长留，细枝短留原则，剪留1/3~1/2。此期的杏树，树冠内包括徒长枝在内的新梢，几乎都能着生花芽而成为结果枝，花量大，修剪时应根据预期产量、败育花率、坐果率、单果重等，在留足花芽的前提下，通过疏截过多的果枝，控制留花量，以减少养分浪费。

二、土肥水管理

（一）土壤管理

李树、杏树定植后3~4年、树冠尚未覆盖全园时，可以间作一年生豆科作物、蔬菜、草莓、块根与块茎作物、药用植物等矮秆作物。成龄园多进行覆盖或种植绿肥及生草。覆盖有机物后，使表层土壤的温度变化减小，早春上升缓慢且偏低，有利于推迟花期，避免李、杏树遭受晚霜危害。

（二）追肥

李树、杏树追肥时期为萌芽前后、果实硬核期、果实迅速膨大期和采收后，后两次可合为一次。生长前期以氮肥为主，生长中后期以磷钾肥为主。氮磷钾比例为1:0.5:1，土壤及品种不同，比例有所差异。追肥量可按每667m² 施尿素25~30kg、钾肥

20~30kg、磷肥 40~60kg 的量，分次进行。

除土壤追肥外，也可进行叶面喷施。如萌芽前结合喷药喷施 3%~5%的尿素水溶液，可迅速被树体吸收。谢花 2/3 后叶面喷 0.3%磷酸二氢钾+0.2%硼砂，对花粉萌发和花粉管生长具有显著的促进作用。

（三）灌水

我国李、杏树栽培区多干旱，冬春旱尤为严重，对萌芽、开花、坐果极为不利。为了果园丰产、优质，早春李园、杏园必须及时灌水。春季花前灌水会使花芽充实饱满，为充分授粉和提高坐果率打好基础。早春灌水量不宜过大，以水渗透根系集中分布层，保持土壤最大持水量的 70%~80%为宜。花前灌水可结合追肥同时进行。树盘漫灌费水，沟灌、穴灌、喷灌、滴灌相对节水，可酌情采用。

三、疏花疏果

李树、杏树花量大，坐果多，往往结果超载。适当疏花疏果可以提高坐果率，增大果个，提高质量，维持树势健壮。疏花越早越好，一般在初花期就要疏花。疏花时先疏去枝基部花，留枝中部花。强树壮枝多留花，弱树弱枝少留花。

（一）李树疏果

在花后 15~20d 进行，但早期生理落果严重的品种，应在花后 25~30d，确认已经坐住果后进行。一般进行两次，第一次先疏掉各类不良果和过于密集的果，10d 以后进行定果。生产上可根据果实大小、果枝类型和距离留果。小型果品种，一般花束状果枝和短果枝留 1~2 个果，果实间距 4~5cm；中型果品种每个短果枝留 1 个果，果实间距 6~8cm；大型果品种，每个短果枝留 1 个果，果实间距 10~15cm。中果枝留 3~4 个果，长果枝留 5~6 个果。要根据树冠大小、树势强弱和品种特性，确定单位合理产量，如大石早生李盛果期树产量应控制在 1 500~2 000kg/667m²，黑宝石李盛果期树产量应控制在 3 000~4 000kg/667m²。

（二）杏树疏果

杏树疏果宜早不宜迟，在花后 15~25d 进行，最迟在硬核前完成，以利果实膨大，避免营养浪费。一般短枝留 1 个果，中枝留 2~3 个果，长枝留 4~5 个果。也可按距离进行，即小型果间距 3~5cm，中型果间距 5~8cm，大型果向距 10~15cm，保证全树 20 片叶以上留 1 个果。鲜食杏的产量控制在 1 000~1 500kg/667m^2 为宜。

疏果时要注意疏去小果、病虫果、发育不正常果、双果中直立向上果、过大过小果、果形不正及有伤的果。

第二十一章　枣生产技术

第一节　生长习性

一、生物学特征

（一）枣树的根

枣树实生根系有明显的主根，水平根和垂直根均很发达，一年生实生苗主根向下深达 1~1.8m，水平根长达 0.5~1.5m。一般在 15~40cm 土层内分布最多，约占总根量的 75%。树冠下为根系的集中分布区，约占总根量的 70%。

（二）枣树的芽

枣芽分主芽和副芽，主芽又称正芽或冬芽，外被鳞片裹住，一般当年不萌发。主芽着生在一次枝与枣股的顶端和二次枝基部，主芽萌发可形成枣头。

枣股每年生长量仅 1~2cm。

副芽又称夏芽或裸芽。副芽为早熟性芽，当年萌发，形成脱落性和永久性二次枝及枣吊，枣吊叶腋间副芽形成花。

（三）枣头

当年萌发发红的枝条，又叫发育枝或营养枝，由主芽萌发而成。枣头由一次枝和二次枝构成。枣头一次枝具有很强的加粗生长能力，因此能构成树冠的中央干、主枝和侧枝等骨架。二次枝既枣头中上部长成的永久性枝条。枝型曲折，呈"之"字形向前延伸，是着生枣股的主要枝条，故又称"结果枝组"。

（四）枣股

由主芽萌发形成的短缩性结果母枝，主要着生在二次枝上。

枣股是枣树上最基本的结果部位，是枣树上特有的一种短缩型结果母枝。保持一定数量壮龄枣股和尽量延长壮龄枣股的结果年限，是保证枣树连年丰产稳产的关键。

（五）枣吊

又称脱落性枝，枝形纤细柔软，浅绿色，每个叶腋能形成一个花序结果。秋季落叶后，这些枝条逐渐脱落，枣吊上着生叶片，每个叶片都是一个绿色小工厂，其中的叶绿素，利用根系吸收的水，矿质营养和叶片从空气中吸收的二氧化碳，在阳光的照射下，通过光合作用合成糖，所以，叶面积的大小，叶片的薄厚、颜色的深浅等，都直接影响着枣树的生长和结果。

（六）枣树的花

一般每个枣吊着花 30~50 朵，花期很长，多在 30d 以上。

二、对环境条件的要求

枣树与其他果树一样，要求适宜的立地条件。土壤、地势、气温、雨量及光照等，是影响枣对生长发育和结果状况的主要因素。

（一）温度

温度是影响枣树生长发育的主要因素之一，直接影响枣树的分布，花期日均温度稳定为 22℃ 以上、花后到秋季的日均温下降到 16℃ 以前果实生长发育期大于 100~120d 的地区，枣树均可正常生长。枣树为喜温树种，其生长发育需要较高的温度，表现为萌芽晚，落叶早，温度偏低坐果少，果实生长缓慢，干物质少，品质差。因此，花期与果实生长期的气温是枣树栽种区域的重要限制因素。枣树对低温、高温的耐受力很强，在 -30℃ 时能安全越冬，在绝对最高气温 45℃ 时也能开花结果。

枣树的根系活动比地上部早，生长期长。在土壤温度 7.2℃

时开始活动，10~20℃时缓慢生长，22~25℃进入旺长期，土温降至21℃以下生长缓慢直至停长。

（二）湿度

枣树对湿度的适应范围较广，在年降水量100~1200mm的区域均有分布，以降水量400~700mm较为适宜。枣树抗旱耐涝，在沧州年降水量100多mm的年份也能正常结果，枣园积水1个多月也没有因涝致死。

枣树不同物候期对湿度的要求不同。花期要求较高的湿度，授粉受精的适宜湿度是相对湿度70%~85%，若此期过于干燥，影响花粉发芽和花粉管的伸长，导致授粉受精不良，落花落果严重，产量下降。相反，雨量过多，尤其是花期连续阴雨，气温降低，花粉不能正常发芽，坐果率也会降低。果实生长后期要求少雨多晴天，利于糖分的积累及着色。雨量过多、过频，会影响果实的正常发育，加重裂果、浆烂等果实病害。"旱枣涝梨"指的就是果实生长后期雨少易获丰产。

土壤湿度可直接影响树体内水分平衡及器官的生长发育。当30cm土层的含水量为5%时，枣苗出现暂时的萎蔫，3%时永久萎蔫；水分过多，土壤透气不良，会造成烂根，甚至死亡。

（三）光照

枣树的喜光性很强，光照强度和日照长短直接影响其光合作用，从而影响生长和结果。光照对生长结果的影响在生产中较常见。密闭枣园的枣树，树势弱，枣头、二次枝、枣吊生长不良，无效枝多，内膛枯死枝多，产量低，品质差；边行、边株结果多，品质好。就一株树而言，树冠外围、上部结果多，品质好，内膛及下部结果少，品质差。因此，在生产中，除进行合理密植外，还应通过合理的冬、夏修剪，塑造良好的树体结构，改善各部分的光照条件，达到丰产优质。

（四）土壤

土壤是枣树生长发育中所需水分、矿质元素的供应地，土壤的质地、土层厚度、透气性、pH 值、水、有机质等对枣树的生长发育有直接影响。枣树对土壤要求不严，抗盐碱，耐瘠薄。在土壤 pH 值 5.5~8.2 范围内，均能正常生长，土壤含盐量 0.4% 时也能忍耐，但尤以生长在土层深厚的沙质壤土中的枣树树冠高大，根系深广，生长健壮，丰产性强，产量高而稳定；生长在肥力较低的沙质土或砾质土中，保水保肥性差，树势较弱，产量低；生长在黏重土壤中的枣树，因土壤透气不良，根幅、冠幅小，丰产性差。这主要是因为土壤为枣树提供的营养物质和生长环境不同所致。因此，建园尽量选在土层深厚的壤土上，对生长在土质较差条件下的枣树，要加强管理，改土培肥，改善土壤供肥、供水能力和透气性，满足枣树对肥水的需求，达到优质稳产的目的。

(五) 风

微风与和风对枣树有利，可以促进气体交换，改变温度、湿度，促进蒸腾作用，有利于生长、开花、授粉与结实。大风与干热风对枣树生长发育不利。枣树在休眠期抗风能力很强，萌芽期遭遇大风可改变嫩枝的生长状态，抑制正常生长，甚至折断树枝等；花期遇大风，尤其是西南方向的干热风降低空气湿度，增强蒸腾作用，致使花、蕾焦枯，落花落蕾，降低坐果率；果实生长后期或熟前遇大风，由于枝条摇摆，果实相互碰撞，导致落果，称为"落风枣"，效益降低。

第二节　生产技术

一、休眠期修剪

枣树常用树形主要有主干疏层形、自由纺锤形、自然半圆头形和开心形。我国北方地区，冬春少雨干旱多风，容易造成剪口干旱失水，从而影响剪口芽萌发，故每年春季 3—4 月进行休眠期的修剪。盛果期枣树修剪以培养或更新结果枝组为重点，延长盛果期的年限，长期维持较高的产量，可采用疏枝、短截、衰老骨干枝回缩相结合的方法。

二、土肥水管理

春季土壤解冻后、枣树萌芽前进行追肥，目的是促进早萌芽，保证萌芽所需营养，提高花芽分化质量。此次追肥以氮肥为主，每株追施纯氮肥 0.4kg，锌铁肥 0.25~0.75kg，施肥后及时灌透水。灌水后根据土壤墒情及时翻耕，保持土壤疏松，促进根系生长，提高根系吸收肥水能力。

三、抹芽与摘心

萌芽后，当芽长到 5cm 时，及时抹去无用芽、方向不合适的芽，目的是防止嫩芽萌发形成大量的枣头，节省养分，促进枣树健壮生长和结果。摘心是摘除枣头新梢上幼嫩的梢尖。枣头一次枝摘心为摘顶心，二次枝摘心为摘边心。新梢生长期摘心可削弱顶端优势，促进二次枝生长，形成健壮结果枝组。

四、果园覆草

4 月下旬至 5 月上旬密植枣园可全园覆草，枣粮间作园可在树行内进行覆草，普通枣园可在树盘覆草。枣园覆草可减少地面 60% 的蒸发量，提高土壤含水量 10% 左右，同时长期覆草，由于覆草后经过雨季一般会烂掉，因而可有效地增加土壤有机质的含量。主要以麦秸、杂草和树叶为主，每 667m² 用量 1 500~2 000kg。覆草厚度一般在 15~20cm 为宜，覆盖后在草上面盖一层薄土，防止火灾。

第二十二章　主要果树病虫害防治

果树病虫害防治技术是果树生产中非常关键和综合性极强的一项技术，也是果园管理中一个重要的环节。

第一节　苹果主要病虫害及其防治

一、苹果主要病害及其防治

（一）苹果腐烂病（图22-1）

苹果腐烂病是我国北方苹果树的主要病害，除为害苹果及其苹果属植物外，也为害梨、桃、樱桃和梅等多种落叶果树。

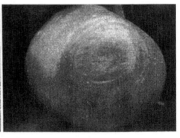

图22-1　苹果腐烂病为害枝及果实

（1）田间诊断。苹果腐烂病俗称烂皮病，主要为害果树枝干，病部树皮腐烂，表现为溃疡型和枝枯型。

溃疡型病斑主要发生在冬春和极度衰弱的树体上。发病初期为红褐色，略隆起，呈水渍状，组织松软，病皮易于剥离，内部组织成暗红褐色，有酒糟气味。溃疡型病斑在早春扩展迅速，在短时间内发展成为大型病斑，围绕枝干造成环切，使上部枝干枯死。

枝枯型多发生在 2~3 年生或 4~5 年生的枝条或果苔上，在衰弱树上发生更明显。病部为红褐色，呈水渍状，不规则，迅速延及整个枝条，使其枯死。病枝上的叶片变黄，后期病部产生小粒点。果实上的病斑为红褐色，圆形或不规则形，有轮纹，边缘清晰。病组织腐烂，略带酒糟气味。

（2）防治方法。

①加强栽培管理。通过合理调整结果量、改善立地条件、实行科学施肥、合理灌水、防治病虫害等方法调整。

②铲除树体所带病菌。通过采用重刮皮、药剂铲除、枝干喷药等方法铲除果树落皮层、皮下干斑、皮下湿润坏死点、树杈夹角皮下的褐色坏死点来清除潜伏病菌。

③治疗病斑。采用刮治和包泥方法及时治疗病斑。

④桥接复壮。治疗后及时做好桥接工作，其具有恢复树势的作用。

（二）苹果轮纹病（图 22-2）

苹果轮纹病也称粗皮病、轮纹褐腐病，除为害苹果外，还为害梨、山楂、桃、栗和枣等果树。

（1）田间诊断。苹果轮纹病为害树干和果实，树干以皮孔为中心产生红褐色圆形病斑，中心隆起瘤状，后凹陷为眼状，又称为粗皮病，一般在病健交界处开裂，病斑翘起或剥落。

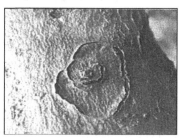

图 22-2　苹果轮纹病为害果实和树干

（2）防治方法。

①药剂防治。轻微发病时，按靓果安 800 倍液稀释喷洒，10~15d 用药一次。病情严重时，靓果安按 500 倍液稀释，7~10d 喷施一次。

②清除侵染源。晚秋、早春刮除粗皮，集中销毁，并喷 45% 代森铵水溶液 1 000 倍液或 75% 五氯酚钠粉 100~200 倍液，3 月下旬至 4 月初喷 3°Bé 石硫合剂为宜。

③果实套袋。落花后一个月内套完，每果一袋，红色品种采收前一个星期拆除即可。

④生长期涂树干。8 月用 1.8% 辛菌胺醋酸盐水剂 50 倍液涂刷粗皮病部，可加药液 1% 的腐植酸钠，促进健皮生长。

⑤储藏期管理。严格剔除病果，注意控制温、湿度。

（三）苹果白粉病（图 22-3）

苹果白粉病在我国苹果产区发生普遍，除了为害苹果外，还为害沙果、海棠、槟子和山定子等。

图 22-3　苹果白粉病为害叶片、嫩梢及果实

（1）田间诊断。苹果白粉病为害苹果树的幼苗、嫩梢、叶片、芽、花及幼果。嫩梢染病，生长受抑，节间缩短，其上着生的叶片变得狭长或不开张，变硬变脆，叶缘上卷，初期表面被覆白色粉状物，后期逐渐变为褐色，严重的整个枝梢枯死；叶片染病，叶背初现稀疏白粉，新叶略呈紫色，皱缩畸形，后期白色粉层逐渐蔓延到叶正反两面，叶正面色泽浓淡不均，叶背产生白粉状病斑，病叶变得狭长，边缘呈波状皱缩或叶片凹凸不平；严重时，病叶自叶尖或叶缘逐渐变褐色，最后全叶干枯脱落。幼果受

害多发生在萼的附近，萼洼处产生白色粉斑，病部变硬，果实长大后白粉脱落，形成网状锈斑，变硬的组织后期形成裂口或裂纹。

（2）防治方法。

①加强栽培管理。采用配方施肥，避免偏施氮肥，控制灌水，使果树生长健壮；增施有机肥和磷、钾，提高抗病力；合理密植抗病品种，逐步淘汰高感抗品种。

②清洁田园。结合冬季修剪，剪除病梢、病芽；早春复剪，剪掉新发病的枝梢，集中烧毁或深埋，防止分生孢子传播。

③药剂防治。发芽前喷洒70%硫黄可湿性粉剂150倍稀释液；春季在发病初期，喷施70%甲基硫菌灵（甲基托布津）1 000倍液、12.5%特谱唑2 000倍液、6%乐必耕可湿性粉剂1 000~1 500倍液，10~20d喷一次，共喷3~4次。在苗圃中幼苗发病初期，可连续喷2~3次0.2°~0.3°Bé石硫合剂、70%甲基托布津可湿性粉剂1 000~1 200倍液、45%晶体石硫合剂300倍液。

（四）苹果炭疽菌叶枯病（图22-4）

苹果炭疽菌叶枯病简称炭疽叶枯病，是近年来发生在嘎拉、花冠、秦冠、晨阳、新红星、早熟红富士等众多早、中熟品种上的一种新的病害，主要为害叶片及果实，高温季节雨后，病菌繁殖迅速，短短3~5d便可导致大量枯叶及果实布满病斑而失去商品价值。

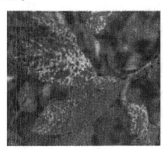

图22-4　苹果炭疽菌叶枯病

（1）田间诊断。初发病时，叶片上分布多个干枯病斑，病斑初为棕褐色，在高温及高湿条件下，病斑扩展迅速，1~3d内可蔓延至整张叶片，3~5d即可致全树叶片干枯脱落。枯叶颜色发暗，呈黑褐色。环境条件不适宜时，叶片上会形成大小不等的枯死斑，病斑周围的健康组织随后变黄，病重叶片很快脱落。病斑较小、较多时，病叶的病状与褐斑病的症状非常相似。受害果实果面出现多个直径2~3mm的圆形褐色凹陷病斑，病斑周围果面呈红色，病斑下果肉呈褐色海绵状，深约2mm。自然条件下果实病斑上很少产生孢子梗，与常见苹果炭疽病的症状明显不同。

（2）防治方法。

①栽植抗病品种和提高叶片生理功能。建立新园时，尽量选择不易感病的苹果品种，如美国8号、藤牧1号、晚熟红富士系列品种等，并实行起垄栽培。此外，在苹果树进入生长季后，结合喷药加入功能性液肥强壮树势，提高叶片抗病能力。

②铲除越冬病菌。例如，早春彻底清理果园，清扫枯枝落叶，并及时喷施清园药剂；苹果萌芽后，继续选用杀灭性较强的铲除剂和叶面肥，目的是铲除在枝条及休眠芽和健壮叶片上越冬的病菌。

③高温季节防治。自6月中旬后，可交替喷施石灰倍量式波尔多液或80%全络合态代森锰锌500~800倍液+叶面肥800~1 000倍液或60%百泰（5%吡唑醚菌酯+55%代森联）1 500倍液+叶面肥800~1 000倍液或80%丙森锌600倍液+叶面肥800~1 000倍液与其他防治该类病菌的药剂（如45%咪鲜胺水乳剂2 000倍液、15%多抗霉素可湿性粉剂1 500倍液、50%异菌脲悬浮剂1 500倍液等交替混合喷雾）。每10~15d施用一次，保证每次出现超过两天的连续阴雨前，叶面和枝条都处于药剂的保护之中。

④雨后补药。如果降雨前没有及时喷药，可在连续阴雨间歇期或雨后及时补喷80%全络合态代森锰锌500~800倍液+60%百泰（5%吡唑醚菌酯+55%代森联）1 500倍液+叶面肥800~1 000倍液，对发病严重的苹果园，可间隔7d左右，连喷两次，以后

按照高温季节防治方法进行用药。

（五）苹果褐斑病（图22-5）

苹果褐斑病为常发性病害，是造成苹果早期落叶的重要病害之一，主要为害叶片，也侵染果实和叶柄。若防治不当，可引起苹果树早期大量落叶，导致果实品质低劣，严重影响到当年经济效益及来年树体的正常生长发育。

（1）田间诊断。叶片上病斑的形状可分为轮纹型、针芒型及不规则混合型病斑三种类型。轮纹型病斑发病初期，叶片的正面出现黄褐色小点，后逐渐扩大至直径10～15mm的圆形病斑，病斑中心暗褐色，边缘不明显，病斑上产生黑色小粒点，形成同心状轮纹，叶的背面暗褐色；针芒型病斑斑点较小，呈放射状向外扩展，这是由于黑色菌索穿行于表皮组织之下而形成的，病斑背面为绿色；混合型病斑兼有轮纹型和针芒型两者的特点。三种病斑都使叶片变黄，但病斑边缘仍旧保持绿色形成晕圈，这是此病的重要特征。老病斑中央多呈灰白色，病叶稍触即落。叶柄受害后有长圆形黑色斑，使输导组织受阻致病叶枯死。果实染病时，表皮上初生浅褐色小点，逐渐扩大成圆形或不规则形，边缘清晰，稍凹陷的病斑直径为6～12mm，病部果肉疏松干腐，褐色，中间产生黑色小点，有光泽，一般不深入果肉内部。

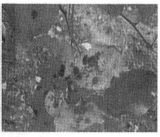

图22-5 苹果褐斑病

（2）防治方法。

①合理修剪，控制树冠大小及骨干枝数量，改善园内通风透

光条件。

②秋季、冬季剪除树上残留的病枝和摘除病叶并清扫地面落叶，深埋或烧毁。

③喷药保护。一般从发病前15d左右开始喷药，隔15d左右一次，连喷4~6次。常用石灰倍量式波尔多液［1：2：（180~200）］、43%戊唑醇2 000~2 500倍液+80%代森锰锌可湿性粉剂800~1 000倍液、60%百泰（5%吡唑醚菌酯+55%代森联）1 500倍液+15%多抗霉素可湿性粉剂1 500倍液等药剂交替使用。注意在幼果期慎用波尔多液以防果锈产生。

二、苹果主要虫害及其防治

苹果害虫的种类约有350种，根据发生轻重的不同划分为三类：第一类为主要害虫，包括食心虫类、卷叶蛾类、红蜘蛛类，统称为苹果的三大害虫；第二类为较主要害虫，包括毛虫类、蚜虫类、蛀虫害虫类；第三类为一般害虫，包括刺蛾类、吸果夜蛾类、金龟子类、潜夜蛾类、蚧壳虫类。

（一）桃小食心虫（图22-6）

桃小食心虫又称桃蛀果蛾，简称桃小，国内各果区都有发生，还为害桃、梨、山楂和酸枣等树种。

（1）田间诊断。幼虫多从果实萼洼蛀入，蛀孔流出泪珠状的果胶，干涸呈白色蜡质粉末。幼虫入果直达果心，在果肉中乱窜，排粪便于隧道中，没有充分膨大的幼果受害多呈畸形，俗称"猴头果"。被害果实渐变黄色，果肉僵硬，俗称黄病。

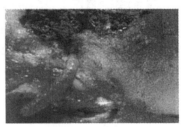

图22-6 桃小食心虫

（2）防治方法。

①农业防治。通过更换无冬茧的新土，减少越冬虫源基数；清除树盘内的杂草及其他覆盖物，随时捕捉；在越冬幼虫出土前，用宽幅地膜覆盖。

②生物防治。在越冬代成虫发生盛期，释放桃小寄生蜂；在幼虫初孵期，喷施细菌性农药（Bt 乳剂），也可使用桃小性诱剂在越冬代成虫发生期进行诱杀。

③化学防治。地面防治采用撒毒土或地面喷施 40% 辛硫磷乳油 8 倍液，在越冬幼虫出土前喷湿地面，耙松地表；树上防治在幼虫初孵期，喷施或 2.5% 高效氯氟氰菊酯微乳剂 1 500 倍液或 2.5% 敌杀死（溴氰菊酯）乳油 2 000~3 000 倍液。

（二）苹果红蜘蛛（图 22-7）

苹果红蜘蛛又名苹果全爪螨，分布全国，尤以北方发生普遍，为害苹果、月季、海棠、榆、梨、樱花等。

（1）田间诊断。苹果红蜘蛛主要为害叶片。叶片受害初期出现白色小斑点，后期叶片苍白，光合作用减弱。虫口密度大时，叶片布满螨蜕，但很少落叶。

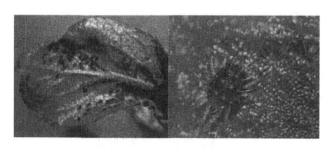

图 22-7　苹果红蜘蛛

（2）防治方法。

①在早春树木发芽前，用 20 号石油乳剂 20~40 倍液喷树干，或者用石硫合剂 300~500 倍液喷树干，以消灭越冬雌成虫及卵。

②及时消除花圃、果园的杂草。

③为害期喷施扫螨净 1 000 倍液或螺螨酯、哒螨灵等药剂防

治，均可收到较好的防治效果。但要注意炔螨特和三唑锡可能会产生药害，慎用。螨类易产生抗药性，要注意杀螨剂的交替使用。

④保护和引进天敌。

（三）苹果小卷叶蛾（图22-8）

苹果小卷叶蛾又名小黄卷叶蛾、棉褐带卷叶蛾、苹小卷叶蛾，属鳞翅目，卷叶蛾科，主要为害苹果、梨、桃、山楂等果树。

图22-8　苹果小卷叶蛾

（1）田间诊断。幼虫主要为害苹果、梨、桃等的嫩叶、新芽、花蕾和果实。幼虫吐丝卷叶，食害叶肉或缠绕新芽和花蕾，使芽、蕾不能展开。大龄幼虫啃食叶片覆盖下的果皮组织，形成深浅不一的条、点状斑痕，影响果品的质量。

（2）防治方法。

①冬春刮除老翘皮，清除部分越冬幼虫。春季结合疏花疏果，摘除虫包，集中处理。生长季节及时摘除虫叶、虫梢。

②花芽分离期至盛花期及幼虫发生期是全年喷药防治的重点时期，可用25%灭幼脲悬浮剂1 500倍液或4.5%氟铃脲悬浮剂1 500～2 000倍液+甲维盐2 000～2 500倍液及时进行喷雾防治，成虫期用黑光灯或杀虫剂消灭成虫。

③在各代成虫发生期，采用"迷向法"在果园内各个方向的果树上挂性诱芯，使雄性成虫不能和雌蛾进行交配，阻止其繁育

后代为害。

④在各代卷叶虫卵发生期，根据性外激素诱蛾情况释放赤眼蜂。

（四）苹果绵蚜（图 22-9）

绵蚜群落寄生在苹果树上，吸取树液，消耗树体营养。果树受害后，树势衰弱，寿命缩短，世界各国都把苹果绵蚜列为进出口检疫对象。

（1）田间诊断。成虫、若虫群集于背光的树干伤疤、剪锯口、裂缝、新梢的叶腋、短果枝端的叶群、果柄、梗洼和萼洼等处，为害枝干和根部，吸取汁液。被害部膨大成瘤，常因该处破裂，阻碍水分、养分的输导，严重时树体逐渐枯死。幼苗受害，可使全枝死亡。

图 22-9　苹果绵蚜

（2）防治方法。

①冬季修剪。彻底刮除老树皮，修剪虫害枝条、树干，及时清除杂草和干枯树枝，破坏和消灭苹果绵蚜栖居、繁衍的场所。

②人工繁殖释放或吸引苹果蚜小蜂、瓢虫、草蛉等天敌。

③苗木、接穗及包装材料要用 10% 吡虫啉 1 000 倍液浸泡 2~3min。

④加强检疫。禁止从苹果绵蚜发生疫区调进苗木、接穗。

⑤生长季树上喷药，可选用 1 500~2 000 倍液 10% 吡虫啉可

湿性粉剂等药剂，要喷透剪锯口、伤疤、缝隙等处。所用药剂要注意交替使用，以免发生抗性。

（五）苹果山楂叶螨（图 22-10）

苹果山楂叶螨又名山楂红蜘蛛、樱桃红蜘蛛，主要为害梨、苹果、桃、樱桃、山楂、李等多种果树。

（1）田间诊断。苹果山楂叶螨吸食叶片及幼嫩芽的汁液。叶片严重受害后，先是出现很多失绿小斑点，随后扩大连成片，严重时全叶变为焦黄而脱落，严重抑制了果树生长，甚至造成二次开花，影响当年花芽的形成和次年的产量。

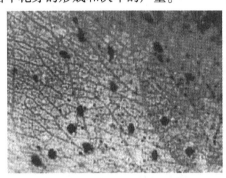

图 22-10　苹果山楂叶螨

（2）防治方法。

①释放、吸引和保护天敌，尽量减少杀虫剂的使用次数或使用不杀伤天敌的药剂，在树木休眠期刮除老皮，主要刮除主枝分杈以上老皮，主干不可刮皮以保护主干上越冬的天敌。

②在树干基部培土拍实，防止越冬螨出蛰上树。

③发芽前，刮皮后喷洒石硫合剂或 45% 晶体石硫合剂 20 倍液、含油量 3%~5% 的柴油乳剂；在花前繁殖前，施用 45% 晶体石硫合剂 300 倍液或 20% 灭扫利乳油 3 000 倍液或 15% 扫螨净乳油 3 000 倍液或 21% 灭杀毙乳油 2 500~3 000 倍液或 20% 螨卵酯可湿性粉剂 800 ~ 1 000 倍液或 25% 除螨酯（酚螨酯）乳油 1 000~2 000 倍液等多种杀螨剂。注意药剂的轮换使用，可延缓

叶螨抗药性的产生。

第二节　梨主要病虫害及其防治

一、梨主要病害及其防治

我国已知的梨树病害约有 80 种。梨树主要病害包括梨黑星病、腐烂病、干腐病、轮纹病、锈病、黑斑病和褐斑病。

（一）梨黑星病（图 22-11）

梨黑星病又称疮痂病，是梨树的一种主要病害。我国梨产区均有发生。

（1）田间诊断。梨黑星病为害所有幼嫩的绿色组织，以果实和叶片为主。果实发病初期产生浅黄色圆形斑点并逐渐扩大，以后病部稍凹陷，长出黑霉，最后病斑木栓化，凹陷并龟裂。叶片和新梢受害后可长出黑色霉斑。

图 22-11　梨黑星病

（2）防治方法。

①农业防治。加强栽培管理，增施有机肥，提高抗病力；晚秋清除落叶、病果、病枯枝等，减少越冬病原；生长期及早摘除病花丛和病梢。

②化学防治。花蕾膨大期及落花后期各喷一次药，后隔 2~3 周喷一次，共 3~4 次。要特别注意喷叶背。可用 0.5：1：100 的波尔多液或 30%氧氯化铜 600 倍液或 50%多菌灵 500~800 倍液或 70%甲基托布津 500~800 倍液。

（二）梨锈病（图 22-12）

梨锈病又称赤星病、羊胡子，我国南北果区均有发生，但一般不造成严重为害，仅在果园附近种植桧柏类树木较多的风景区和城市郊区造成较重为害。梨锈病除为害梨树外，还能为害山楂、棠梨和贴梗海棠等。

（1）田间诊断。梨锈病为害叶片、新梢和幼果。叶片受害时，在叶面上出现橙黄色有光泽的小斑，逐渐扩大为近圆形的病斑，直径 4~5mm，中部为橙黄色，边缘为浅黄色，外圈的黄绿色的晕环与健部分开，病斑性孢子器由黄色变为黑色后向叶背面隆起，叶面微凹，以后病斑变黑。发病严重时引致早期落叶。新梢、幼果及果柄病斑与叶相似。幼果受害畸形、早落；新梢受害易被风折断。转主寄主为柏科植物桧柏（圆柏）等。

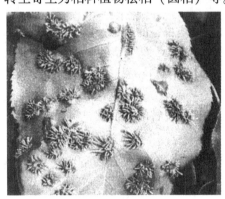

图 22-12　梨锈病（叶部）

（2）防治方法。

①梨园 5km 内不种植桧柏，中断转主寄主。

②梨园附近有桧柏，2 月下旬至 3 月上旬在桧柏上喷 1°~2°

Bé 石硫合剂，杀灭越冬后的冬孢子和担子孢子。

③从梨展叶开始至 5 月下旬为止，可喷 1∶3∶（200~240）倍波尔多液或 65%代森锌 500 倍液。也可选用氟硅唑（或氟环唑）+醚菌酯、特富灵等药剂进行防治。开花期不能喷药，以免产生药害。

（三）梨黑斑病（图 22-13）

梨黑斑病是梨树主要的病害之一，在中国主要梨区普遍发生。西洋梨、日本梨、酥梨、雪花梨最易感病。

图 22-13 梨黑斑病

（1）田间诊断。梨黑斑病主要为害果实、叶和新梢。叶部受害，幼叶先发病并形成黑褐色圆形斑点，后逐渐扩大，形成近圆形或不规则形病斑，中心为灰白色至灰褐色，边缘为黑褐色。病叶焦枯、畸形，早期脱落。果实受害，果面出现一个至数个黑色斑点，逐渐扩大，颜色变浅，形成浅褐色至灰褐色圆形病斑，略凹陷。发病后期病果畸形、龟裂，裂缝可深达果心，果面和裂缝内产生黑霉，引起落果。果实近成熟期染病，前期表现与幼果相似，但病斑较大，黑褐色，后期果肉软腐而脱落。新梢发病，病斑呈圆形或椭圆形、纺锤形，浅褐色或黑褐色，略凹陷，易折断。

（2）防治方法。

①农业防治。发芽前剪除病梢，清除落叶落果，认真清园。

改善栽培管理，增强树势。低洼果园雨季及时排水。重病树要重剪，以通风透光，清除病原。

②药剂防治。发芽前喷药铲除树上越冬病菌，生长期及时喷药预防侵染以保护叶和果实。南方一般在 4 月下旬至 7 月上旬，每间隔 10d 左右喷洒一次。华北从初见病叶到雨季喷药 4~6 次，可基本控制此病害。50% 异菌脲（扑海因）可湿性粉剂或 10% 多抗霉素 1 000~1 500 倍液对黑斑病效果最好，75% 百菌清可湿性粉剂 800 倍液、90% 三乙膦酸铝 500 倍液、65% 代森锌可湿性粉剂 600~800 倍液、1：2：240 波尔多液等也有一定效果。为延缓抗药性的产生，异菌脲和多抗霉素应与其他药剂交替使用。

③果实套袋。

④在病害流行地区选栽抗病品种。

二、梨主要虫害及其防治

我国梨树害虫记载有 697 种，目前为害严重的害虫有梨二叉蚜、梨小食心虫、梨木虱、梨黄粉蚜、山楂叶螨、梨大食心虫。

（一）梨二叉蚜（图 22-14）

梨二叉蚜是梨树的主要害虫。全国各梨区都有分布，以辽宁、河北、山东和山西等梨区发生普遍。

图 22-14　梨二叉蚜

（1）田间诊断。梨二叉蚜以成虫、若虫群集于芽、嫩叶、嫩梢上吸取梨汁液。早春若虫集中在嫩芽上为害。随着梨芽开绽而侵入芽内。梨芽展叶后，则转至嫩梢和嫩叶上为害。被害叶从主脉两侧向内纵卷成松筒状。

（2）防治方法。

①早期摘除被害叶，集中处理，消灭蚜虫。

②抓好开花前喷药防治工作，在越冬卵全部孵化未造成卷叶时应喷药。用10%吡虫啉（一遍净）2 000倍液等。

③保护并利用天敌。

（二）梨小食心虫（图22-15）

梨小食心虫简称梨小（又名梨小蛀果蛾、东方果蠹蛾、梨姬食心虫、桃折梢虫、小食心虫、桃折心虫）小卷叶蛾科。梨小食心虫在各地果园均有发生，是梨树的主要害虫，在梨树、桃树混栽的果园为害尤为严重。

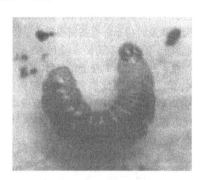

图22-15　梨小食心虫

（1）田间诊断。梨小食心虫为害果实和新梢。幼虫蛀果多从萼洼处蛀入，直接蛀到果心，在蛀孔处有虫粪排出，被害果上有幼虫脱出的脱果孔。幼虫蛀害嫩梢时，多从嫩梢顶端第三叶叶柄基部蛀入，直至髓部，向下蛀食。蛀孔处有少量虫粪排出，蛀孔以上部分易萎蔫干枯。

（2）防治方法。

①人工防治。早春刮树皮，消灭翘皮下和裂缝内越冬的幼虫；秋季幼虫越冬前，在树干上绑草把，诱集越冬幼虫，入冬后

或翌年早春解下烧掉，消灭其中越冬的幼虫；春季发现部分新梢受害时，及时剪除被害梢，深埋或烧掉，消灭其中的幼虫。

②药剂防治。在各代成虫产卵盛期和幼虫孵化期，为防止果实受害，重点防治第二、第三代幼虫。用梨小食心虫性外激素诱捕器监测成虫发生期，指导准确的喷药时间。一般情况下，在成虫出现高峰后即可喷药。在发生严重的年份，可在成虫发生盛期前、后各喷一次药，控制其为害。在没有梨小食心虫性诱剂的情况下，可在田间调查卵果率，当卵果率达到1%时就可喷药。常用药剂有50%杀螟松乳油1 000倍液、80%敌百虫晶体1 000倍液、2.5%功夫菊酯乳油3 000倍液。

③生物防治。在虫口密度较低的果园，可用松毛虫赤眼蜂治虫。成虫产卵初期和盛期分别释放松毛虫赤眼蜂一次，每100m² 果园放蜂4 500头左右，能明显减轻为害。

④果实套袋是防止梨小食心虫为害的较好方法。

⑤刮皮消灭越冬幼虫。

(三) 梨木虱 (图22-16)

梨木虱又叫梨虱，主要寄主是梨树。梨木虱是梨园常见且为害十分严重的一种害虫，套袋果园常受害较重。

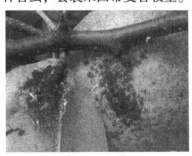

图22-16　梨木虱

（1）田间诊断。若虫常聚集于叶背主脉两侧为害，使叶片沿主脉向背面弯曲，呈匙状，叶片皱缩，甚至枯黄、变黑、脱落。幼龄若虫将叶片沿叶缘卷曲成筒状，受害部位虫体分泌的黏液在秋季湿度大时会引起煤污病，污染叶和果面，造成落叶及枝条和果实发育不良。

（2）防治方法。

①清除虫叶。早期摘除被害卷叶，集中处理。

②药剂防治。蚜卵孵化，梨芽尚未开放至发芽展叶期是防治最适期。在梨木虱严重发生时，可选用螺虫乙酯、虫螨腈、阿维菌素防治梨木虱。若要求速效，可添加菊酯类药剂。因梨木虱对吡虫啉等药剂抗性的加大，使用时应缩小倍数并轮换用药。

③保护天敌。梨蚜天敌有瓢虫、草蛉、食蚜蝇、蚜茧蜂等，应注意加以保护。

第三节　桃主要病虫害及其防治

一、桃树主要病害及其防治

我国已知的桃树病害有 50 余种，其中桃褐腐病、桃疮痂病、桃细菌性穿孔病、桃炭疽病和桃缩叶病是主要的桃树病害。

（一）桃褐腐病（图 22-17）

桃褐腐病又名菌核病、灰腐病、灰霉病，是桃树的主要病害之一，可为害桃、李、杏、梅及樱桃等核果类果树，主要发生在浙江、山东沿海地区和长江流域。

（1）田间诊断。桃褐腐病主要为害花、叶、枝梢和果实。果实染病后，果面开始出现小的褐色斑点，后急速扩大为圆形褐色大斑，果肉为浅褐色，并很快全果烂透。同时，病部表面长出质地密结的串珠状灰褐色或灰白色霉丛，初为同心环纹状，并很快遍及全果。烂病果除少数脱落外，大部分干缩呈褐色至黑色僵果，经久不落；病花瓣、柱头初生褐色斑点，渐蔓延至花萼与花柄，天气潮湿时病花迅速腐烂，长出灰色霉层。气候干燥时则萎缩干枯，长留树上不脱落。嫩叶发病自叶缘开始，初为暗褐色水渍状病斑，并很快扩展至叶柄，叶片萎垂如霜害，病叶上常具灰色霉层，也不易脱落；枝梢发病多为病花梗、病叶柄及病果中的菌丝向下蔓延所致，渐形成长圆形溃疡斑，边缘为紫褐色，中央微凹陷，灰褐色，病斑周缘微凸，被覆灰色霉层，初期溃疡斑常有流胶现象。病斑扩展环绕枝条一周时，枝条即萎蔫枯死。

图 22-17　桃褐腐病为害果实

（2）防治方法。

①清除病原。休眠期结合冬剪彻底清除树上和树下的病枝、病叶、僵果，集中烧毁。秋冬深翻树盘，将病菌埋于地下。

②药剂防治。芽膨大期喷布石硫合剂+80%五氯酚钠 200～300 倍液。花后 10d 至采收前 20d 喷布 65%代森锌 400～500 倍液，或用 70%甲基托布津 800 倍液或 50%多菌灵可湿性粉剂 800～1 000 倍液，或用 50%硫悬浮剂 500～800 倍液，或用 30%碱式硫酸铜悬浮剂 400～500 倍液，或用 20%三唑酮乳油 3 000～4 000 倍液等药剂。药剂应交替使用。

③生长期及时防治蝽象、象鼻虫、食心虫、桃蛀螟等害虫，减少伤口。

（二）桃疮痂病（图 22-18）

桃疮痂病又名黑星病，在我国各地普遍发生，尤以高温多湿的江浙一带发病最重，主要为害果实，油桃更容易感染。此病除为害桃外，还能侵害李、梅、杏、樱桃等核果类果树。

（1）田间诊断。桃疮痂病主要为害桃树果实、枝梢和叶片。

果实发病先发生暗绿色圆形斑点，逐渐扩大，严重时病斑融合连片，随果实增大，果面往往龟裂。当果柄被害时，病果常脱落。枝梢染病后，起初发生浅褐色椭圆形斑点，边缘带紫褐色。秋季病斑表面呈紫色或黑褐色，微隆起，常流胶。翌年春季，病斑变灰色，产生暗色绒点状分生孢子丛。叶片初发病时，叶背出现不规则形或多角形灰绿色病斑，渐变为褐色或紫红色，后期形成穿孔，严重时落叶。

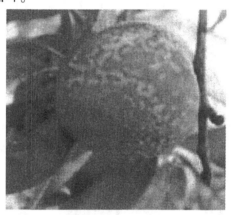

图22-18　桃疮痂病

（2）防治方法。

①加强栽培管理，提高树体抗病力，增施有机肥，控制速效氮肥的用量，适量补充微量元素肥料，以提高树体抵抗力。合理修剪，注意桃园通风透光和排水。

②清除病原。秋末冬初结合修剪，彻底清除园内树上的病枝、枯死枝、僵果、地面落果，集中处理，以减少初侵染源。

③药剂防治。芽膨大前期喷布石硫合剂+80%五氯酚钠200～300倍液，铲除越冬病原；花露红期及落花后间隔10～15d喷布一次10%苯醚甲环唑2 000～2 500倍液或50%多菌灵可湿性粉剂800倍液或50%甲基托布津可湿性粉剂500倍液或40%氟硅唑1 000～1 500倍液或50%克菌丹可湿性粉剂400～500倍液，注意药剂交替使用。

(三) 桃细菌性穿孔病 (图 22-19)

桃细菌性穿孔病是桃树上最常见的叶部病害，在世界各桃产区都有发生，广泛分布于我国各地桃产区。

（1）田间诊断。桃细菌性穿孔病主要为害叶片，在桃树新梢和果实上均能发病。叶片发病初期为水渍状小圆斑，后逐渐扩大成圆形或不规整形病斑，边缘有黄绿色晕环，以后病斑干枯、脱落、穿孔，严重时病斑相连，造成叶片脱落。新枝染病，以皮孔为中心树皮隆起，出现直径 1~4mm 的疣，其上散生针头状小黑点，即病菌分生孢子器。在大枝及树干上，树皮表面龟裂、粗糙。之后瘤皮开裂，陆续溢出树脂，透明、柔软状，树脂与空气接触后，由黄白色变成褐色、红褐色至茶褐色硬胶块。病部易被腐生菌侵染，叶片变黄，严重时全株枯死。果实发病，由果核内分泌黄色胶质，溢出果面，病部硬化，初为浅褐色水渍状小圆斑，稍凹陷，以后病斑稍扩大，天气干燥时病斑开裂，严重影响桃果品质和产量。

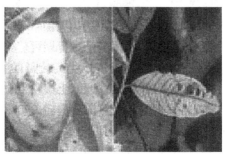

图 22-19　桃细菌性穿孔病

（2）防治方法。

①加强桃园综合管理、增强树势、提高树体抗病力是防治穿孔病最重要的措施。

②新建桃园注意选栽抗病品种，选好土壤、地势条件。

③药剂防治。可参考桃炭疽病、褐腐病、疮痂病的药剂防治方法，综合进行喷药。

（四）桃炭疽病（图 22-20）

桃炭疽病是桃树的主要病害之一，分布于全国各桃产区，尤以长江流域、东部沿海地区发病较重。

（1）田间诊断。桃炭疽病主要为害果实，也为害枝叶。果实被害处先产生水渍状褐色斑，后逐渐扩大呈暗褐色圆形斑，斑稍凹陷，病斑上产生黑褐色颗粒状点（分生孢子盘），组成同心轮纹状。后期病斑扩大成圆形或椭圆形，具有同心轮纹状的分生孢子盘，雨季孢子盘变成红色或粉红色黏质颗粒状，病害严重时常造成大量落果。新梢受害出现暗褐色病斑，略凹陷。病斑蔓延后可导致枝条死亡。天气潮湿时，病斑表面可出现橘红色小点，叶片发病后呈纵筒状卷曲。

图 22-20 桃炭疽病

（2）防治方法。

①加强栽培管理。合理施肥，及时排除果园积水。夏季及时去除直立徒长枝，改善树体通风透光条件；冬季修剪时，彻底剪除干枯枝和残留在树上的病僵果，集中烧毁。

②药剂防治。在花芽膨大期，喷洒 1∶1∶160 波尔多液，或用 5°Bé 石硫合剂。落花后，及时喷洒杀菌剂，可用 70%甲基托布津可湿性粉剂 1 000 倍液、50%多菌灵可湿性粉剂 800 倍液、10%苯醚甲环唑水分散粒剂 2 000~2 500 倍液，或用 75%百菌清可湿性粉剂 1 000 倍液。根据天气情况，可间隔 10~15d 喷一次药，注意不同药剂的轮换使用。

二、桃主要虫害及其防治

(一) 桃蚜

桃树蚜虫分为桃蚜、桃粉蚜、桃瘤蚜（图22-21）三种，分布范围广，在国内大部分桃产区都有发生。以成蚜、若蚜密集在叶背面吸食汁液，导致桃树生长缓慢或叶片卷缩，其排泄物可诱发煤污病。

桃粉蚜群集叶背

桃瘤蚜

图22-21 桃蚜、桃粉蚜、桃瘤蚜

（1）田间诊断。春季桃树萌芽长叶时，桃蚜群集在嫩梢、嫩芽及幼叶背面，使被害部位叶片扭曲，卷成螺旋状，严重时造成落叶，新梢不能生长，影响产量及花芽形成。桃蚜还为害花蕾，影响坐果，降低产量。其桃蚜排泄的蜜露，污染叶面及枝梢，易造成煤污病，桃蚜还能传播桃树病毒。

（2）防治方法。

①清除虫源。桃树落叶后，如清理枯枝落叶、树干涂药等。

②药剂防治。桃花期前后及幼果期是药剂防治的关键时期，

（日平均气温小于30℃）。可选用10%的吡虫啉1 000~1 500倍液+40%吡蚜酮1 500~2 000倍液或25%丁硫克百威1 500~2 000倍液进行防治，中后期（日平均气温大于30℃），可选用5%啶虫脒1 000~1 500倍液+4%吡蚜酮1 500~2 000倍液或22.4%螺虫乙酯4 000倍液或40%噻嗪酮3 000~4 000倍液混合喷雾，注意药剂要交替使用。

（二）桃红颈天牛（图22-22）

桃红颈天牛俗称水牛、铁炮虫、木花，全国各桃产区均有分布，主要为害桃、杏、李、梅、樱桃、苹果、梨、柳等，对核果类果树为害尤为严重，是桃树主要害虫之一。

图22-22　桃红颈天牛

（1）田间诊断。以幼虫蛀食干和主枝，小幼虫先在皮层下串蛀，然后蛀入木质部，深达干心，受害枝干被蛀中空阻碍树液流通，引起流胶，使枝干未老先衰，严重时可使全株枯萎。蛀孔外堆满红褐色木屑状虫粪。

（2）防治方法。

①清除虫源。幼虫孵化期，人工刮除老树皮，集中烧毁。成虫羽化期，人工捕捉，主要利用成虫中午至下午两三点钟静栖在枝条上，特别是下到树干基部的习性，进行捕捉。成虫产卵期，经常检查树干，发现有方形产卵伤痕，及时刮除或以木槌击死

卵粒。

②药剂防治。对有新鲜虫粪排出的蛀孔，可用小棉球蘸敌敌畏煤油合剂（煤油1000g加入80%敌敌畏乳油50 g）塞入虫孔内，然后再用泥土封闭虫孔，或者注射80%敌敌畏原液少许，洞口敷以泥土，可熏杀幼虫。

③保护和利用天敌昆虫，如管氏肿腿蜂。

（三）桑白蚧（图22-23）

桑白蚧又称桑盾蚧、桃白蚧，分布遍及全国，是为害最普遍的一种介壳虫。桑白蚧除为害桃外，还有樱桃、山毛桃、李、杏、梨、核桃、桑、国槐等。

（1）田间诊断。以若虫和成虫群集于主干、枝条上，以口针刺入皮层吸食汁液，也有在叶脉或叶柄、芽的两侧寄生，造成叶片提早硬化。

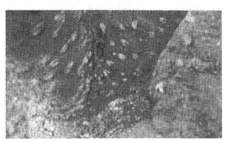

图22-23　桑白蚧

（2）防治方法。

①清除虫源。果树休眠期用硬毛刷或钢丝刷刷掉枝条上的越冬雌虫，剪除受害严重的枝条。

②药剂防治。可喷洒石硫合剂，或者用95%机油乳剂50倍液喷布；在各代若虫孵化高峰期尚未分泌蜡粉介壳前，全树喷布40%氧化乐果1 500倍液，或用5%高效氯氰菊酯乳油2 000倍液。在药剂中加入0.2%的中性洗衣粉，可提高防治效果。

（四）桃球坚介壳虫（图22-24）

桃球坚介壳虫又叫朝鲜球坚介壳虫、球形介壳虫、树虱子，我国南方、北方均有分布，主要为害桃、杏、李、梅等，是桃、杏树上普遍发生的害虫。

（1）田间诊断。主要以若虫和雌成虫集聚在枝干上吸食汁液，被害枝条发育不良，出现流胶现象，树势严重衰弱，树体不能正常生长和花芽分化，严重时枝条干枯，一经发生，常在一、二年内蔓延全园，如防治不利，会使整株植株死亡。

图 22-24　桃球坚介壳虫

（2）防治方法。

①清除虫源，铲除越冬若虫，在春季雌成虫产卵以前，采用人工刮除的方法防治。

②药剂防治。早春芽萌动期，用石硫合剂均匀喷布枝干，也可用 95％机油乳剂 50 倍液混加 5％高效氯氰菊酯乳油 1 500 倍液喷布枝干。6 月上旬卵进入孵化盛期时，全树喷布 5％高效氯氰菊酯乳油 2 000 倍液等。

③保护天敌。注意保护黑缘红瓢虫等天敌。

（五）桃蛀螟（图 22-25）

桃蛀螟又叫桃蠹螟、桃实螟、桃蛀虫等，我国各地均有分布，长江以南为害桃果特别严重，主要为害桃、梨、李、苹果等多种果树及向日葵、玉米等农作物，为杂草性害虫。

（1）田间诊断。桃蛀螟主要为害果实，幼虫孵化后多从果蒂部或果与叶及果与果相接处蛀入，蛀入后直达果心。被害果内和果外都有大量虫粪和黄褐色胶液。幼虫老熟后多在果柄处或两果相接处化蛹。

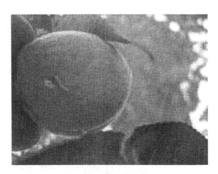

图 22-25 桃蛀螟

（2）防治方法。

①清除虫源。冬季或早春及时处理向日葵、玉米等秸秆，并刮除桃树老皮，清除越冬茧。生长季及时摘除被害果，集中处理。

②诱杀处理。秋季采果前在树干上绑草把诱集越冬幼虫集中杀灭或利用黑光灯、糖醋液诱杀成虫。

③药剂处理。在第一、第二代卵高峰期树上喷布5%高效氯氰菊酯乳油 2 000 倍液、2.5%敌杀死乳油 3 000~4 000 倍液以保护桃果。每个产卵高峰期喷两次药，间隔期 7~10d。

第四节　葡萄主要病虫害及其防治

一、葡萄主要病害及其防治

（一）葡萄黑痘病（图 22-26 和图 22-27）

葡萄黑痘病又名疮痂病，俗称"鸟眼病"，是葡萄的主要病害之一。

（1）田间诊断。黑痘病主要为害葡萄的绿色幼嫩部分，如果实、果梗、叶片、叶柄、新梢和卷须等。感病部位产生褐色斑点，叶片、嫩梢、卷须等扭曲、皱缩，幼果畸形。

图 22-26　葡萄黑痘病（病穗）　**图 22-27　葡萄黑痘病（病果）**

（2）防治方法。

①苗木消毒。由于黑痘病的无距离传播主要通过带病菌的苗木或插条，因此，葡萄园定植时应选择无病的苗木，或者先进行苗木消毒处理。常用的苗木消毒剂有 10%~15% 的硫酸铵溶液或 3%~5% 的硫酸铜溶液或硫酸亚铁硫酸液（10%硫酸亚铁+1%的粗硫酸）或 3°~5°Bé 石硫合剂等。方法是将苗木或插条在上述任一种药液中浸泡 3~5min 取出即可定植或育苗。

②选育抗病品种。

③清除病原。晚秋将葡萄园落叶枯枝、病枝、病果等彻底清除烧毁。剪枝时将病枝彻底剪除，剪枝后喷 5°Bé 石硫合剂或硫酸铜 200 倍液。

④喷药防治。喷药应抓早期防治，开花前、落花后、幼果期连喷三次可以控制病害，可喷石灰半量式波尔多液 [1∶0.5∶（180~200）] 或 50%多菌灵 500~600 倍液或 70%甲基硫菌灵 800~1 000 倍液。也可选用吡唑醚菌酯 2 000 倍液或百泰（5%吡唑醚菌酯+55%代森联）1 500倍液进行防治。

（二）葡萄白腐病（图 22-28 和图 22-29）

葡萄白腐病俗称"水烂"或"穗烂"，是华北黄河流域及陕西关中等地经常发生的一种主要病害，在多雨年份常和炭疽病并发流行，造成很大损失。

图 22-28　葡萄白腐病（病穗）　　图 22-29　葡萄白腐病（病枝）

（1）田间诊断。葡萄白腐病主要为害果穗，病果呈褐色，水渍状，后期变软腐，容易脱落。葡萄叶片感病产生近圆形浅褐色病斑，呈不明显的同心轮纹状，后期叶片干枯脱落。枝蔓易在损伤处发病，皮层与木质部分离、纵裂，纤维乱如麻，枝体生理受阻，枝叶渐枯死。

（2）防治方法。

①因地制宜选用抗病品种。

②做好清园工作，冬季结合修剪彻底剪除病枝蔓和挂在枝蔓上的干病穗，扫净地面的枯枝落叶，集中烧毁或深埋，减少第二年的侵染源。

③生长季节摘除病果、病蔓、病叶，冬剪时把病组织剪除干净。搞好排水工作以降低园内湿度，适当提高果穗离地表距离，可减少病菌侵染，减轻发病。

④加强栽培管理。改善通风透光条件，降低小气候湿度，及时除草、及时摘心，剪副梢，提高结果部位，减少离地面很近的果穗。

⑤药剂防治。在发病严重地区的多雨年份，在 6—8 月每隔 10~15d 喷一次 700~800 倍液 50%多菌灵或 50%托布津或 75%百菌清，也可喷 200 倍半量式波尔多液（1∶0.5∶200）。还可选用氟硅唑 2 000 倍液、吡唑醚菌酯 2 000 倍液和拜耳拿敌稳 75%水分散粒剂（25%肟菌酯+50%戊唑醇）3 000 倍液中的任意一种进行防治。

⑥地面撒药。在发病前地面可喷施 50% 多菌灵 500 倍液，每 667m² 施药 0.5kg；也可用福美双 1 份、硫黄粉 1 份、碳酸钙 1 份，三者混合均匀，于葡萄架下撒施，每 667m² 施药 1.5～2kg，施药后用耙荡平。

（三）葡萄炭疽病（图 22-30 和图 22-31）

葡萄炭疽病又名晚腐病，在我国各葡萄产区发生较为普遍，为害果实较严重；在南方高温多雨的地区，早春也可引起葡萄花穗腐烂。

 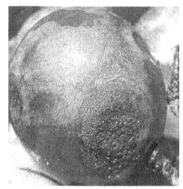

图 22-30　葡萄炭疽病（果穗）　图 22-31　葡萄炭疽病（果实）

（1）田间诊断。葡萄炭疽病主要为害着色或接近成熟的果实。果实受害表面产生豆粒大的褐色圆形斑点，后凹陷产生轮纹状排列的小黑点，严重时果粒软腐，逐渐失水干缩或成僵果。

（2）防治方法。

①选用抗病品种。

②清除病原。结合葡萄冬剪彻底清园，将植株上剪下的枝蔓、穗柄、僵果、卷须及地上落叶、铁丝与绑绳等全部清除出园，并焚烧或深埋以清除病原。

③加强栽培管理。在葡萄生长期内要及时摘心、合理夏剪、适度负载，随时清除剪下的副梢、卷须，提高园中通透性；注意排水、中耕，尽可能降低园中湿度；科学施肥，特别注意氮、

磷、钾肥的比例，切忌氮肥过多，还要注意增施微肥，以提高植株的抗逆能力。

④药剂防治。初见发病开始（6月中旬）每10～15d喷药一次直至采收。可用50%多菌灵500～600倍液或70%甲基硫菌灵800～1 000倍液或百菌清800～1 000倍液交替使用，连喷4～6次即可控制其为害。也可选用巴斯夫百泰、巴斯夫健达（21.2%吡唑醚菌酯+21.2%氟唑菌酰胺）和拜耳露娜森（21.4%氟吡菌酰胺+21.4%肟菌脂）的任意一种进行防治。

（四）葡萄霜霉病（图22-32和图22-33）

（1）田间诊断。葡萄霜霉病是葡萄的重大病害之一，葡萄霜霉病主要为害叶片，也能侵染嫩梢、花序、幼果等幼嫩组织。葡萄叶片正面产生浅黄色水浸状病斑，背面生有灰白色霜样霉状物，果粒、果梗发病均布满白霜，果梗褐变坏死，果粒肩部变褐凹陷甚至脱落。

（2）防治方法。

①选用抗病品种。

②清除越冬病原。晚秋剪除病枝，清除落叶落果和其他病组织，集中深埋或烧毁。

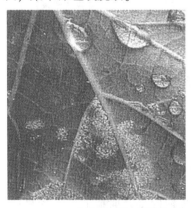

图22-32 葡萄霜霉病（病叶）　　图22-33 葡萄霜霉病（发病植株）

③喷药防治。可根据不同年份降雨和发病早晚来决定喷药时

期和次数，一般在开花前后即需要进行喷药防治，尤其对多雨年份和多雨季节，更应及早进行防治。药剂以选用50%烯酰吗啉可湿性粉剂或40%悬浮剂为主，使用倍数为1 000倍液，再加上其他辅助药剂，如94%霜脲氰800~1 000倍液或30%醚菌酯悬浮剂3 000~4 000倍液或50%异菌脲悬浮剂1 000~2 000倍液或50%嘧菌酯水分散粒剂2 500倍液或25%甲霜灵可湿性粉剂1 000~1 500倍液或40%乙膦铝可湿性粉剂200~300倍液等。

（五）葡萄白粉病（图22-34和图22-35）

（1）田间诊断。白粉病能为害所有绿色组织。该病主要为害叶片、枝梢及果实等部位，以幼嫩组织最敏感。葡萄展叶期叶片正面产生大小不等的不规则形黄色或褪绿色小斑块，病斑正反面均可见一层白色粉状物，粉斑下叶表面有褐色花斑，严重时全叶枯焦。新梢、果梗和穗轴初期表面产生不规则灰白色粉斑，后期粉斑下面形成雪花状或不规则的褐斑，可使穗轴、果梗变脆，枝梢生长受阻。幼果先出现褐绿色斑块，果面出现星芒状花纹，其上覆盖一层白粉状物，病果停止生长，有时变成畸形，果肉味酸；开始着色后果实在多雨时感病，病处裂开，之后腐烂。

图22-34　葡萄白粉病（病果）　　　图22-35　葡萄白粉病（病叶）

（2）防治方法。

①加强栽培管理，注意开沟排水，增施磷、钾肥，增强树

势；冬季修剪时合理留枝，生长期间及时摘心、除副梢，保持良好的通风透光性，杜绝发病。

②秋季清除病原，剪除病组织，清除枯枝落叶和落果。在发病初期摘除病组织。

③发芽前喷 5°Bé 石硫合剂。发芽后喷 1~2 次 0.3°~0.5°Bé 石硫合剂或硫悬乳剂 400 倍液，也可喷托布津 700~800 倍液或醚菌酯 1 000~1 500 倍液。

二、葡萄主要虫害及其防治

(一) 葡萄二星叶蝉 (图 22-36)

葡萄二星叶蝉又叫葡萄小叶蝉、葡萄斑叶蝉、葡萄二星浮尘子，属同翅目，叶蝉科。它分布于辽宁、河南、河北、山东、山西、陕西、安徽、江苏、浙江、湖南、湖北、广西、台湾、天津、北京等地。受害叶片失绿变色，影响光合产物生成，降低果实品质和枝条发育，造成叶片早期脱落。

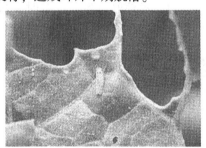

图 22-36　葡萄二星叶蝉

(1) 田间诊断。以成虫、若虫为害叶片，虫体在叶背面为害，失绿斑在叶面表现突出，被害处产生灰白色失绿斑；很多斑相连则叶面变灰白色，叶背面被害处为浅黄褐色枯斑。

(2) 防治方法。

①清除落叶及杂草，消灭越冬成虫。

②夏季加强栽培管理，及时摘心、整枝、中耕、锄草、管理

好副梢，保持良好的通风透光条件。

③喷药防治。第一代若虫期喷敌杀死 2 000～3 000 倍液，防治效果95%以上，连喷两次，消灭第一代若虫可以控制全年虫害。也可喷敌敌畏 1 000 倍液或功夫菊酯 2 000～3 000 倍液或90%敌百虫 800 倍液等。

（二）葡萄根瘤蚜（图 22-37）

葡萄根瘤蚜属同翅目，瘤蚜科。它在辽宁、山东、陕西、台湾等地的局部葡萄园发生，其他地区尚未发现。葡萄园一旦发生，为害严重，所以已被列为主要检疫对象。

（1）田间诊断。葡萄根瘤蚜对美洲品种为害严重，既能为害根部又能为害叶片；对欧亚品种和欧美杂种，主要为害根部。根部受害，须根端部膨大，出现小米粒大的、略呈菱形的瘤状结，在粗根上形成较大的瘤状突起。叶上受害，叶背形成许多粒状虫瘿。因此，葡萄根瘤蚜有"根瘤型"和"叶瘿型"之分。受害植株树势衰弱，提前黄叶、落叶，产量大幅度降低，严重时全株枯死。

图 22-37 葡萄根瘤蚜

（2）防治方法。

①严格检疫防治传播。严禁已发生区的苗木、枝条外运或引种。

②苗木消毒。对苗木和枝条进行药剂处理时，可选用 2.5%溴氰菊酯乳油 3 000 倍液等菊酯类农药浸泡 1min，以杀死苗木上

的虫体。

③土壤处理。对有根瘤蚜的葡萄园或苗圃，可用二硫化碳灌注。方法：在葡萄茎周围距茎 25cm 处，每平方米打孔 8~9 个，深 10~15cm，春季每孔注入药液 6~8g，夏季每孔注入 4~6g，效果较好。但在花期和采收期不能使用，以免产生药害。还可以用50% 辛硫磷 500g 拌入 50kg 细土，每 667m² 用药土 25kg，于15:00—16:00 施药，随即翻入土内。

（三）葡萄透翅蛾（图 22-38 和图 22-39）

葡萄透翅蛾又称葡萄透羽蛾，属鳞翅目，透翅蛾科。它在山东、河南、河北、陕西、吉林、内蒙古、江苏和浙江等地普遍发生，是葡萄产区主要害虫之一。

（1）田间诊断。葡萄透翅蛾主要为害葡萄枝蔓。幼虫蛀食新梢和老蔓，被害处逐渐膨大，蛀入孔有褐色虫粪，是该虫为害标志。幼虫蛀入枝蔓后，向嫩蔓方向进食，严重时，被害植株上部枝叶枯死。

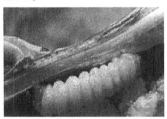 

图 22-38　葡萄透翅蛾幼虫　　　　图 22-39　葡萄透翅蛾

（2）防治方法。

①剪除虫枝。因被害处常有黄叶出现或枝蔓膨大增粗，冬、夏季经常检查，发现被蛀蔓要及时剪除、烧毁或深埋。

②挖幼虫或虫孔灌药。当发现大蔓被害又不能去掉时，可用刀将蛀孔剥开，找到虫道，将幼虫挖出并向虫道内注入敌敌畏100 倍液或塞入浸敌敌畏原液的棉球，而后用塑料薄膜将孔包扎封死，以熏杀幼虫。此外，虫口密度大的果园在成虫发生期可选2.5% 溴氰菊酯乳油 3 000 倍液等药交替使用，连喷 2~3 次。

（四）葡萄短须螨（图22-40）

葡萄短须螨又称葡萄红蜘蛛属蜱螨目，细须螨科。此虫是我国葡萄产区主要的害虫之一，山东、河南、河北、辽宁、江苏、浙江等地发生较普遍。

（1）田间诊断。以幼虫、若虫、成虫为害新梢、叶柄、叶片、果梗、穗梗及果实。新梢基部受害时，表皮产生褐色颗粒状突起。叶柄被害状与新梢相同。叶片被害，叶脉两侧呈褐锈斑，严重时叶片失绿变黄，枯焦脱落。果梗、穗梗被害后由褐色变成黑色，脆而易落。果粒被害前期有浅褐色锈斑，果面粗糙硬化，有时从果蒂向下纵裂。后期受害时，成熟果实色泽和含糖量降低，对葡萄产量和质量有很大影响。

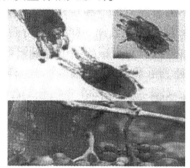

图22-40　葡萄短须螨

（2）防治方法。

①剪除被害严重的枝条。

②晚秋剪枝后喷3°~5°Bé石硫合剂，喷药前去掉粗裂翘起的老皮。春季芽萌发前喷3°Bé石硫合剂。

③生长季节喷药防治。展叶后，一般在5—6月造成严重为害前喷灭扫利、功夫菊酯2 000~3 000倍液及0.3°Bé石硫合剂等均有良好的防治效果，7—8月可再喷一次。一般每年喷两次杀螨剂即可控制虫害。

第五节　枣主要病虫害及其防治

一、枣树主要病害及其防治

（一）枣锈病（图22-41）

引起枣锈病的病菌属担子菌纲，锈菌目。枣锈病别名串叶、雾烟病，在河北、河南、山东、山西、陕西、四川、云南、广西、湖北、江苏、浙江、台湾、福建等地的枣产区均有发生，常造成严重灾害，影响枣果产量和品质。

（1）田间诊断。枣锈病主要为害树叶。发病初期，叶片背面多在中脉两侧及叶片尖端和基部散生浅绿色小点，逐渐形成暗黄褐色突起，即锈病菌的夏孢子堆。夏孢子堆埋生在表皮下，后期破裂，产生黄色粉状物，即夏孢子。发展到后期，在叶正面与夏孢子堆相对的位置出现绿色小点，使叶面呈现花叶状。病叶逐渐变为灰黄色，失去光泽，干枯脱落。树冠下部先落叶，逐渐向树冠上部发展。在落叶上有时形成冬孢子堆，黑褐色，稍凸起，但不突破表皮。

图22-41　枣锈病

（2）防治方法。

①栽培不易过密，疏去过密枝保持树冠通风透光。

②及时排除枣园积水。

③7 月中旬和 8 月中旬各喷一次 200 倍石灰倍量式波尔多液。

（二）枣疯病（图 22-42）

枣疯病是枣树的毁灭性病害，在河北、辽宁、河南、山东、陕西、山西、江苏、浙江、福建、台湾、四川、广西、云南、湖北等地的枣产区都有发生，有些地区发病株率高达 20% ~ 30%，病株大多 3~5 年后死亡。

（1）田间诊断。田间诊断如下。

①花变叶或枝。花器退化，花柄延长，萼片、花瓣、雄蕊均变成小叶，雌蕊转化为小枝。

②丛枝状。芽不正常萌发，病株一年生发育枝的主芽和多年生发育枝上的隐芽均萌发成发育枝，其上的芽又大部分萌发成小枝，如此逐级生枝。病枝纤细，节间缩短，呈丛状，叶片小而萎黄。

图 22-42　枣疯病

③花叶。叶片病变，先是叶肉变黄，叶脉仍绿，以后整个叶片黄化，叶的边缘向上反卷，暗淡无光，叶片变硬、变脆，有的叶尖边缘焦枯，严重时病叶脱落。花后长出的叶片比较狭小，具明脉，翠绿色，易焦枯。有时在叶背面主脉上再长出一片小的明脉叶片，呈鼠耳状。

④病果。病花一般不能结果。病株上的健枝仍可结果，果实大小不一，果面着色不匀，凸凹不平，凸起处为红色，凹处为绿

色，果肉组织松软，不堪食用。

⑤病根。疯树主根由于不定芽的大量萌发，往往长出一丛丛的短疯根，同一条根上可出现多丛疯根。后期病根皮层腐烂，严重者全株死亡。

（2）防治方法。

①及时刨除病株，清除病原。

②育无毒苗，繁殖发展新果园。

③消灭传播昆虫。

（三）枣炭疽病（图22-43）

枣炭疽病又称焦叶病。北方各枣区均有发生，以山西梨枣和新郑灰枣最易感病。该病多在果实近成熟期发生，导致产品品质降低，病果常提前脱落，严重者造成枣园绝产，失去经济价值。

（1）田间诊断。枣炭疽病主要侵害果实，也可侵染各种营养器官，如枣吊、叶片、枣股等。受害叶片多为黄绿色，也有的呈黑褐色焦枯状悬挂在枣吊上；果实受害初期在果肩或果腰处会出现浅黄色水渍状斑点，并进一步扩大为不规则的黄褐色斑块，病斑中间呈圆形凹陷状，连片病斑呈红褐色。病果着色稍早，在空气相对湿度较高时，病斑上常产生许多黄褐色小突起，并分泌粉红色黏液。

图22-43 枣炭疽病

（2）防治方法。

①早春清除枣园树体及地面上的枯枝、落叶和病果，园外烧毁或深埋。

②枣树发芽前喷5°Bé的石硫合剂进行清园。

③当果实进入白熟期前15d左右开始喷药防治，药剂可选用25%嘧菌酯悬浮剂1 500~2 000倍液或60%百泰（5%吡唑醚菌酯+55%代森联）1 500倍液或30%醚菌酯悬浮剂2 000~3 000倍液等交替使用。

（四）枣褐斑病（图22-44和图22-45）

枣褐斑病也称黑斑病、斑点病，是枣果实的主要病害之一，在北方枣区均有发生。

（1）田间诊断。当枣果豆粒大便可受到侵染。初期幼果表面会出现针尖状大小的浅白色至白色突起，并迅速扩大，挤压破裂后会流出带菌的脓汁，病斑发展后期在果面上会产生形状不一的褐色病斑，导致果面溃烂，果实提早脱落。

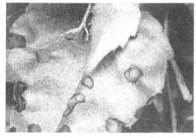 

图22-44　枣褐斑病（叶片）　　图22-45　枣褐斑病（果实）

（2）防治方法。

①搞好早春清园。清扫枯枝、落叶、病果，园外烧毁。

②萌芽前树体喷施3°~5°Bé的石硫合剂一次。

③6—8月进行药剂防治，参考枣炭疽病。

二、枣树主要虫害及其防治

（一）枣黏虫（图22-46）

枣黏虫属鳞翅目，卷蛾科，又叫镰翅小卷蛾，在河北、河南、陕西、山西、山东、湖南、江苏等枣产区普遍发生，有的地区为害成灾，主要为害枣和酸枣。

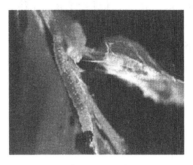

图 22-46　枣黏虫

（1）田间诊断。以幼虫为害叶片，常将枣吊或叶片吐丝缠卷成团或小包，将叶吃成缺刻和孔洞，串食花蕾并啃食幼果，幼果被啃食成坑坑洼洼的。

（2）防治方法。

①刮树皮消灭越冬蛹。

②诱杀成虫。利用灯光或性诱剂诱杀成虫。9 月树干绑草，诱集准备越冬的幼虫去化蛹，早春解除烧毁。

③抓第一代幼虫发生期喷药防治，可喷二溴磷 800 倍液，也可喷敌敌畏 800 倍液或敌杀死 2 000 倍液或喷功夫菊酯 2 000 倍液及天王星等。集中发生期的前期和盛期各喷一次可控制此虫全年为害。密度大时第二代幼虫期再喷一次。成虫集中发生期可用 20％甲氰菊酯乳油 4 000~6 000 倍液或 2.5％溴氰菊酯乳油 3 000 倍液等菊酯类农药交替使用，间隔 10~15d，连喷 2~4 次以杀死幼虫。

（二）枣粉蚧

枣粉蚧属同翅目，粉蚧科，在河北、河南、山西、山东等枣产区普遍发生，在河北保定、石家庄大枣产区及沧州小枣产区常造成严重为害。此虫可造成叶片枯黄、枣果萎蔫、树势衰弱。

（1）田间诊断。枣粉蚧的成虫、若虫和幼虫均可爬行为害，受害叶片枯黄，受害果实萎蔫，枝条衰弱，被害枝上常可看到披有白粉的虫体活动。此虫分泌白色透明的蜡质胶黏物招致黑霉，污染叶面和果面变黑。

（2）防治方法。

①发芽前刮树皮消灭越冬幼虫。

②第一代幼虫期喷药防治，可参照枣黏虫的防治用药。

（三）枣步曲（图 22-47）

枣步曲又叫枣尺蠖，俗名"顶门吃"，属鳞翅目，尺蛾科，以幼虫为害枣芽、叶片、枣吊、花蕾和新梢等绿色组织部分。幼虫在爬行时身体一曲一伸，故名"步曲"。此虫在北方各枣产区均有发生，在河北、河南、山东、山西等枣产区常造成严重为害。枣树刚发芽时，幼虫啃吃幼芽；密度大时可将全部幼芽吃光，也可将叶片吃光造成绝产或严重减产，而且影响下年产量，是枣树大害虫之一。

（1）田间诊断。虫口密度小时将叶片吃成缺刻，芽被咬成孔洞。虫口密度大时，嫩芽被吃光，甚至将芽基部啃成小坑。后期幼虫将叶片吃光并啃食花蕾，只留下没叶片的枣吊。

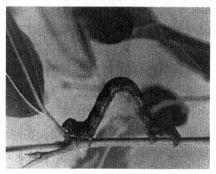

图 22-47　枣步曲（幼虫行走状）

（2）防治方法。

①早春或晚秋挖越冬蛹，将树干周围 1m 范围内的土壤、深

10cm 的土层内的蛹挖出杀死。

②树干距地 15cm 处，缠塑料裙阻止雌蛾上树，每天捕捉雌蛾杀死。树干基部 10~15cm 处涂粘虫环杀死上树雌蛾。可用蓖麻油 1 kg、松香 1 kg、石蜡 10 g，将蓖麻油熬开加入石蜡，停火后放入松香，溶化即可。杀虫环宽 10cm。

③幼虫发生期，即枣萌芽期喷药防治。可喷敌杀死 5 000 倍液等即可控制此虫为害。

（四）枣瘿蚊（图 22-48 和图 22-49）

枣瘿蚊俗名"卷叶蛆"，属双翅目，瘿蚊科，在河北、河南、山东、山西等枣产区均有发生，有的年份可造成严重为害，引起落叶而减产。此虫主要为害各种枣和酸枣。

（1）田间诊断。以幼虫为害叶片，主要为害嫩叶，叶受害后红肿，从叶面两侧向叶正面纵卷呈筒状，并变为紫红色，而后逐渐变黑枯萎脱落。

图 22-48　枣瘿蚊为害状

（2）防治方法。

①地面喷药消灭越冬幼虫。在发生严重的枣园，于 5—6 月树下喷洒 1 000 倍液辛硫磷、敌杀死等。

②枣树萌芽期展叶前喷药防治，可参照枣黏虫的防治用药。

图 22-49 枣瘿蚊（成虫）

第六节 果树生理病害及其防治

果树生长发育既需要氮（N）、磷（P）、钾（K）、钙（Ca）等大量元素，又需要镁（Mg）、铁（Fe）、硼（B）、锌（Zn）等微量元素。果树生长需要均衡营养，平衡施肥，所有元素不缺乏，这样才能达到果树生长健壮、果实品质最好和产量最高的目的。果树在生长过程中缺少哪种营养元素都会表现出相应的症状。例如，缺铁出现黄叶；缺锌出现小叶；缺钙发生流胶、黑点、枯梢、裂果；缺硼出现畸形果、粗皮枝、果肉褐化等。所以说，果树营养元素的平衡是果树正常发育和结果的重要条件，任何一种元素的缺乏都会对果树造成不同程度的生理病害。因此，生产上可以根据果树表现，判断缺乏的营养元素，及时补充，就能取得好的增产、增质效果。

一、大量元素缺乏症状及其防治

（一）氮、磷、钾、钙在果树生长发育中的作用

氮肥可以促进果树的营养生长，提高光合效能，减少落花落

果，加速果实膨大，并能促进花芽分化，增进果实的品质和产量。磷能促进花芽分化，提早开花结果，促进果实、种子成熟，改进果实品质，促进根系生长，提高果树抗寒、抗旱、抗盐碱等方面的能力。钾充足时，能促进枝条加粗生长，提高抗旱、抗寒、耐高温和抗病虫的能力，特别能使果实肥大和成熟、着色良好、品质佳、裂果少、耐储藏，所以，有人把钾肥称作"果实肥"。钙有利于植物抗旱、抗热，在果树内起着平衡生理活性的作用。钙对土壤微生物的活动和杀虫灭菌也有较好的效果。

（二）大量元素缺乏症状及其防治

（1）缺氮。若氮素不足，则树体营养不良，叶片黄化，新梢细弱，落花落果严重，缩短寿命。长期缺氮，则导致树体衰弱，抗逆性降低。

防治方法：及时追施尿素、硝酸铵等氮素化肥。

（2）缺磷。磷素不足表现为果树萌芽、开花延迟，新梢和细根生长减弱，并影响果实的品质，抗寒和抗旱力降低。

防治方法：展叶后，叶面喷布 0.5%～1% 过磷酸钙；在根系分布层施磷肥颗粒。

（3）缺钾。缺钾果树叶小、果小，裂果严重，着色不良，含糖量低，味酸，落果早。

防治方法：6—7 月追施草木灰、磷酸二氢钾、氯化钾、硫酸钾、硝酸钾等钾肥，叶面追施浓度为 3%～10% 的草木灰浸出液，以上其他钾肥浓度为 0.5%～1%。并增施有机肥料，注意合理搭配氮、磷、钾比例。

（4）缺钙。缺钙果树的根系生长不良，枝条枯死，花朵萎缩，核果类果树易得流胶病和根癌病。果实腐烂和缺钙密切相关，含钙多的果实的耐储性明显提高。

防治方法：在生长季节叶面喷施氯化钙 200 倍液，连喷 3～4 遍，最后一次宜在采收前三周进行；干旱季节适时灌水，雨季及时排水；增施有机肥料，适期、适量使用氮肥，以增加钙的有效度。

二、微量元素缺乏症状及其防治

果树在生长发育过程中，除需要氮、磷、钾、钙等大量元素外，还需要镁、铁、锌、锰、硼等微量元素。在果树生产中，若果树缺少某种微量元素，则会出现小叶病、黄叶病、缩果皮硬病等生理病害，这就是缺少微量元素症。

（一）微量元素缺乏症状

（1）缺镁。镁是叶绿素的组成部分，缺镁时果树不能形成叶绿素，叶变黄而早落，首先在老叶中表现。

（2）缺铁。铁对叶绿素的形成起重要作用，缺铁的典型症状就是幼叶首先失绿，叶肉呈浅绿色或黄绿色，随病情加重，除中脉及少数叶脉外，全叶变黄甚至为白色，发生我们平时常说的黄化现象，即黄叶病。

（3）缺锌。锌是许多酶类的组成成分，在缺锌的情况下，生长素少，植物细胞只分裂而不能伸长，又缺乏蛋白质，所以苹果、桃等果树常发生小叶病。典型症状是幼叶小，簇生，有杂色斑和失绿现象，枝条生长受阻。严重缺锌时，果树生长不均匀，缺锌的枝条上芽不萌发或早落，形成光秃的枝条，只在顶端有一丛簇叶。葡萄缺锌时，叶片靠近叶柄的裂片变宽，果穗疏松，颗粒大小不齐，但果形正常。核果类缺锌时，沿叶缘有不规则的失绿区，然后从叶脉到叶缘出现一条连续的黄色带，花芽少，果实也少，果实小且常成畸形果，其中桃和李的果实变得扁平。

（4）缺硼。硼能促进开花结果，促进花粉管萌发，对子房发育也有一定作用，缺硼常引起输导组织的坏死，使苹果、梨、桃等果树发生缩果病，同时还发生枯梢及簇叶现象。果实发生症状往往在枝叶之前，不同树种或不同缺硼程度的表现有一定差异。苹果与梨的表现症状基本一致。早期缺硼果实不发育、畸形、果面凹凸不平似猴头，果皮上有水渍状坏死区，以后变硬呈褐色，果皮发生裂缝、皱缩，果肉内形成木栓；如果果实生长后期缺硼，则果实大小不变，但果肉内呈分散的木栓组织，有时则是大片溃疡。梨缺硼时，果实蕚凹末端常有石细胞。李子缺硼时，果肉有褐色下陷区，或呈斑点状或布满整个果实，下陷部的果肉变硬，有时硬肉可达果心，受害果着色早、易早落、果肉内形成胶状物空穴。葡萄则因缺硼影响浆果的生长，以致果实呈扁球形。桃树缺硼后在果实近核处发生褐色木栓区，常会沿缝线裂开。苹果缺硼，枝条的顶端韧皮部及形成层中呈现细小的坏死区，这种坏死区常发生在叶腋下面的组织。另外，葡萄缺硼时叶片皱缩，杏缺硼时叶片常发生卷曲现象。缺硼的果树，一般叶片上都有坏死斑或坏死区。

（5）缺锰。锰在一定程度上影响叶绿素的形成，在代谢中通过酶的反应保持体内氧化还原电位平衡。缺锰时，果树也常常表现失绿。叶片沿主脉从边缘开始失绿，以后逐渐扩展到侧脉。症状首先在完全展开的叶片上发生，以后蔓延至全树，但顶梢的新生叶仍为绿色。苹果、梨、桃严重缺锰时，生长受阻；葡萄缺锰时，叶片靠近叶柄的裂片不变宽。

（二）果树缺素症的防治及补救

在果树生产中，如果发现果树患小叶病、黄叶病、缩果病等生理病害，应及时补施硫酸锌、硫酸亚铁、硼砂等微量元素，以恢复果树正常发育。

（1）叶面喷施。叶面喷施是一种常规方法，把微量元素加水稀释后，在生长季节直接喷洒到叶面上（以叶片为主），从上至下让果树均匀挂液，微量元素可从叶表皮细胞和气孔进入树体内发挥效能。若发生黄叶病，每半月可喷一次 0.3%～0.5% 的硫酸亚铁溶液；若发生小叶病，可喷 0.1%～0.4% 的硫酸锌溶液；当果实出现畸形、果皮变硬、皱缩时，可用 0.1%～0.5% 的硼砂溶液或 0.1%～0.5% 的硼酸溶液喷洒树冠；如果叶变黄、早落，应及时喷洒 15% 的硫酸镁溶液治疗；缺锰的果树也表现为失绿，可用 0.3%～0.5% 的氧化锰溶液喷洒。

（2）土壤施。将硫酸亚铁、硼砂、氧化锰、硫酸镁等与有机肥料混合，于早秋果实采收后与基肥一起施入根系分布区。盛果期的果树每棵施硼砂 150~250 g、硫酸亚铁 240~260 g、氧化锰 15~18 g。

（3）树干引注法。先取两个 50 ml 的玻璃瓶，内装待补微量元素溶液，在距地面 20cm 高的树干两侧钻孔，深至形成层，并在每个孔附近各挂一个瓶，然后用棉花捻成棉芯，将其一端插在树干孔内，另一端放入瓶内，让其慢慢吸收。注射 0.2% 的硫酸亚铁溶液可防治黄叶病，注射 0.25% 的硼砂溶液可防治缩果。

（4）树根吸湿法。选择容积 100ml 的玻璃瓶，内盛待补的微量元素营养液，在距果树根 1 m 处挖坑，当露出树根后，挑选一个粗 0.5~1cm 的树根，剪去根梢，把连接树根的那段根插入瓶内，瓶口用塑料布包裹，把树根连同瓶子一起埋入地下，让其缓慢吸收。

（5）涂枝法。在果树发芽后，对于病枝，可把配好的待补微量元素溶液用刷子或毛笔蘸液抹刷 1~2 年生枝条，隔 10~15d 再抹一次，能使果树较快地恢复生机。

第七节　果树自然灾害及其防治

一、冻害及其防治

冻害是指果树受 0℃ 以下低温所造成的伤害。冻害在整个冬季均可发生，但每个具体时期所受害的部位及表现又有差别。

（一）冻害类型

（1）树干冻害。树干冻害部位大致是距地表 15cm 以上至 1.5 m 以下处。表现为皮层的形成层变黑色，严重时木质部、髓部都变成黑色；受冻后有时形成纵裂，沿缝隙脱离木质部。核果类果树多半有流胶现象，轻者可随温度的升高而逐渐愈合；严重时裂皮外翘不易愈合，植株死亡。

（2）枝条冻害。一年生枝以先端成熟不良部分最易受冻，表现为自上而下地脱水和干枯。多年生枝，特别是大骨干枝，其基角内部、分枝角度小的分支处或有伤口的部位，很易遭受积雪冻害或一般性冻害。枝条冻害常表现为树皮局部冻伤，最初微变色下陷，皮部变黑、裂开和脱落，逐渐干枯死亡；如受害较轻，形成层没有受伤，则可逐渐恢复。枝干受冻后极易感染腐烂病和干腐病，应注意预防。

（3）根颈冻害。根颈冻害指地上部与地下部交界的部位受冻。根颈受冻后，表现为皮层变黑，易剥离。轻则只在局部发生，引起树势衰弱；重则形成黑色，环绕根颈一圈后全树死亡。

（4）根系冻害。各种果树的根系均较其地上部耐寒力弱。根系受冻后变褐，根韧皮部与木质部易分离。地上部表现为发芽晚、生长弱。

（5）花芽冻害。花芽冻害多出现在冬末春初，另外，深冬季节如果气温短暂升高，也会降低花芽的抗寒力，导致花芽被冻害。花芽活动与萌发越早，遇早春回寒就越易受冻。花芽受冻后，表现为芽鳞松散，髓部及鳞片基部变黑。严重时，花芽干枯死亡，俗称"僵芽"。花芽前期受冻是花原基整体或其一部分受冻，后期为雌蕊受冻，柱头变黑并干枯，有时幼胚或花托也受冻。

（二）冻害的主要防治方法

（1）选择抗寒品种，利用抗寒砧木。根据当地的气象条件，因地制宜，选择抗寒品种。利用抗寒砧木是预防冻害最为有效而可靠的途径。而对于成龄果园，如所栽植品种抗寒能力差，则应考虑高接，换成抗寒能力强的品种。

（2）适时保护树干。在土壤结冻前，对果树主干和主枝涂白、干基培土、主干包草和灌足封冻水。在多雪易成灾的地区，雪后应及时震落树上的积雪，并扫除树干周围的积雪，防止因融雪期融冻交替，冷热不均而引起冻害。

（3）阻挡冷气入园。新建果园应避开风口处、阴坡地和易遭冷气袭击的低洼地。已建成的果园，应在果园上风口栽植防风林或挡风墙，减弱冷气侵入果园的强度。

（4）保护受冻果树。对已遭受冻害的果树，应及时去除被冻死的枝干，并对较大的伤口进行消毒保护，以防止腐烂病菌侵入。

（5）加强综合管理，提高树体储藏营养的水平，增强树体抗冻性。主要包括：做好疏花疏果工作，合理调节负载量；适时采收，减少营养消耗；秋季早施基肥，利用秋季根系生长高峰期，以提高树体储藏营养水平；树体生长后期，叶面多次喷施磷酸二氢钾等速效性肥料，提高叶片光合能力，提高树体的抗冻性。

二、抽条及其防治

果树抽条是指冬末春初果树枝条失水后皱条、抽干，一般多在一年生枝上发生，随着枝条年龄的增加，抽条率会下降。抽条的发生是因为枝条水分平衡失调所致，即初春气温升高，空气干燥度增大，幼枝解除休眠早，水分蒸腾量猛增，而地温回升慢，温度低，根系吸水力弱，导致枝条失水抽干。

（一）抽条发生的原因

（1）冬春期间由于土壤水分冻结或地温过低，根系不能或极少吸收水分，而地上部枝条蒸腾强烈，这是造成抽条的根本原因。

（2）晚秋树体贪青旺长，落叶推迟，枝条组织疏松幼嫩，病虫害较重等均会引起严重抽条，相反则抽条较轻或不抽条。

（二）抽条的主要防治方法

（1）适地建园。根据各地区的气象条件，因地制宜地发展适宜的树种和品种。小面积栽植时，可选择小气候好、背风向阳、地下水位低、土层深厚、疏松的地段建园，避开阴坡、高水位和瘠薄地建园。

（2）创造良好的根际小气候，提高地温。于土壤结冻前，在树干西北侧距树干50cm左右的地方，培高40cm左右的半月形土埂，为植株根际创造一个背风向阳的小气候环境，从而使地温回升早，结冻提前。有条件的果园，若能在土埂内覆盖地膜，则可显著提高土壤温度，防止抽条效果更佳。

（3）对树体进行保护。埋土防寒是防止树枝抽条最可靠的保护措施。在土壤结冻前，在树干基部有害风向（一般是西北方向）处先垫好枕土，将幼树主干适当软化后使其缓慢弯曲，压倒在枕土上，然后培土压实，枝条应全部盖严不外露、不透风。翌春萌芽前挖出幼树并扶直。此法可有效地防止幼树抽条，但仅适用于1~2年生小树，主干较粗时则难以操作。而针对较大的植株防止抽条时，则多用扎草把、缠塑料薄膜条、喷聚乙烯醇或羧甲基纤维素等措施。具体方法是：用塑料膜条缠树干时可选用较宽的塑料膜条，缠枝时可用较窄的塑料膜条，操作时要缠绕严、紧，不得留空隙。另外，扎草把时，要将草把扎到主枝分枝处，在其底部堆土培严即可。无论缠塑料条、扎草把均应在春季土壤解冻后、萌芽前及时去除根颈培土和绑缚物。

（4）加强综合管理，提高树体储藏营养的水平，提高树体抗寒性。方法同冻害防治技术。

（5）保护抽条树。对已发生抽条的幼树，在萌芽后，剪除已抽干枯死部分，促其下部潜伏芽抽生枝条，并从中选择位置好、方向合适的留下，培养成骨干枝，以尽快恢复树冠。

三、日灼及其防治

果树日灼病，又名日烧病，简称灼伤或灼害，是由于强烈的阳光长时间直射在树干、树叶和果实上，破坏了照射部位的细胞和组织，使其不能再生长发育。受害的苹果表现为阳面失水焦枯，产生红褐色近圆形斑点，斑点逐渐扩大，最后形成黑褐色病斑，周围有浅黄色晕圈，严重影响苹果商品价值。7—8月是预防日灼病的关键时期，应采取有效措施减少该病的发生。灼伤部常因病菌侵染而引发其他病害，对此应积极预防。

（一）发生原因

（1）受树体病害影响（腐烂病、根腐病、干腐病）。

（2）受果园土壤水分含量低影响。高温下蒸腾量猛增，根部吸收水分远不能满足蒸腾损失，严重破坏了果树体内水分平衡，使干旱果园出现严重的叶片烫伤，套袋果实袋内温度比自然界温度高出 10%以上，一般在 48℃以上，发生日灼。

日灼病对套袋苹果和树势弱的梨树叶片危害极为严重，常使部分果园出现严重烫伤。经调查，苹果树病果率一般在 5%～20%，梨树病叶率一般在 5%～15%，严重的高达 30%左右。

（二）预防措施

（1）灌水法。在高温期前全园浇水，提高土壤含水量。据试验，未灌水区日烧果率为 14%，而灌水区日烧果率只有 5%，并且单果较大。

（2）施肥法。加强果园管理，增施有机肥，多施磷肥，促进根系向深层生长，使果树生长根健壮，或者间种绿肥作物，掩青沤肥，增加土壤有机质，提高土壤持水力。并且多注意病虫害的防治，增强树体抗御高温的能力。

（3）覆盖法。在高温、干旱来临之前，在树盘上覆一层 20cm 厚的秸秆、草或麦糠等，既可保墒，又能降低地温，可以防止日灼病的发生。一般覆盖区比裸露区土壤含水量高出 2%～3%。此法尤其适用沙地果树。

（4）果面遮盖。在易出现日灼病的果实阳面覆盖叶面积较大的桐树叶、蓖麻叶或阔叶草等，可减少烈日直射。

（5）喷涂石灰乳。在苹果阳面涂抹一层石灰乳，既能反光，防止日烧，又能杀菌。

（6）涂白法。用生石灰 10～12 份、石硫合剂 2 份、食盐 1～2 份、黏土 2 份、水 36～40 份，先将石灰用水化开，滤去不溶的渣砾，倒入已化开的食盐水，用刷子涂在树干及大枝上，利用白涂剂反射日光，使日光直射光折回一部分，减轻日灼的发生。

（7）结合喷药傍晚喷清水。如果出现苹果日灼病可能发生的天气，应在太阳落山时或斜射时向树叶片和果面喷施 0.2%～0.3%磷酸二氢钾，或者向树冠喷清水，以减轻日灼。

（三）套袋苹果日灼病的防治

未选用优质的果实袋、套袋果实未悬在袋内当空而是靠贴在袋上，以及一次性除去套袋或在高温且强日照天气时除去套袋，套袋苹果也会引发日灼。此外，树势衰弱、挂果部位不好、果树管理较差，都会使套袋苹果发生日灼。

防治套袋苹果发生日灼，首先要选择优质袋，套袋的技术操作要规范。套袋时间以 8：00—10：00 和 14：00—16：00 为宜。除袋要分次进行，不要在中午高温天气时去袋，上午除去树冠西、北两侧的套袋，下午除去东、南两侧的套袋。如果天气干旱，套袋前或除去套袋前 3~5d 要各浇水一次。

四、霜冻及其防治

（一）霜冻的类型

霜冻是指果树在生长期夜晚土壤和植株表面温度暂时降至零度或零度以下，引起果树幼嫩部分遭受伤害的现象。而霜冻又有早霜和晚霜之分。在秋末发生的霜冻，称为早霜。早霜只对一些生长结果较晚的品种和植株形成危害，常使叶片和枝梢枯死，果实不能充分成熟，进而影响果实品质和产量。早霜发生越早，危害越重。在春季发生的霜冻，称为晚霜。它于自萌芽至幼果期发生，并且发病越晚则造成的危害越重。

（二）霜害的防治技术

（1）选择适地建园。霜冻是冷空气集聚的结果，如空气流通不畅的低洼地、闭合的山谷地容易形成霜穴，使霜害加重，这就是果农常说的"风刮岗、霜打洼"。因此，新建果园时，应避开霜穴地段，可减轻霜冻危害。

（2）选择抗冻品种。选择花期较晚的品种躲避霜害或花期虽早但抗冻力较强的树种和品种。

（3）果园熏烟防霜。熏烟防霜是指利用浓密烟雾防止土壤热量的辐射散发，烟粒吸收湿气，使水汽凝成液体而放出热量，提高地温。这种方法只能在最低温度为 -2℃ 的情况下才有明显的效果。当果园内气温降到 2℃ 时，及时点燃放烟。防霜烟雾剂的常用配方是：硝酸铵 20%~30%，锯末 50%~60%，废柴油 10%，

细煤粉10%，将其搅拌均匀装入容器内备用，每667m² 地设置3~
4个发烟器即可。

（4）延迟萌芽期，避开霜灾。有灌溉条件的果园，在花开前
灌水，可显著降低地温，推迟花期2~3d。将枝干涂白，通过反
射阳光，减缓树体温度升高的速度，延迟花期3~5d。树体萌芽
初期，全树喷布氯化钙200倍液，可延迟花期3~5d。

（5）保护受霜害的果园。对花期遭受霜害的果树加强人工授
粉，树体喷施氨基酸微肥，增强树体营养，喷施硼砂或硼酸等提
高坐果率，降低减产幅度。

第二十三章　果品的贮藏、保鲜及加工

第一节　果品的贮藏保鲜

常见的果实贮藏方式，按贮藏原理大体可分为低温贮藏和气调贮藏两大类，其中低温贮藏包括利用自然冷源贮藏的沟藏、窖藏、通风库储运和人工降温的冷库贮藏等；气调贮藏包括气调冷库贮藏、塑料薄膜封闭贮藏等。按储运设施不同可分为简易贮藏、通风库贮藏、冷库贮藏、气调贮藏和其他贮藏方式。

一、简易贮藏

（1）简易贮藏。简易贮藏是为调节果品供应期所采用的一类较小规模的贮藏方式，它不能人为地控制储温，而是根据外界温度的变化来调节或维持一定的贮藏温度。这类传统的贮藏方式历史悠久，大多来自民间经验的不断积累和总结。其贮藏场所形式多样，其中以堆藏、沟藏、窖藏颇具代表性。此类方式一般不需要特殊的建筑材料和设备，结构简单，具有利用当地气候条件、因地制宜的特点。由于其贮藏方式主要依靠自然温度的调节作用来维持一定的贮藏环境，故在使用上受到一定程度的限制。尽管如此，由于其简便易行，仍然是目前我国农村普遍采用的主要贮藏方式。

①沟（埋）藏。沟藏是将水果堆放在田间挖的沟或坑内，达到一定的厚度时，用土覆盖。沟藏保温性、保湿性较好。在农村，板栗、核桃、山楂等多用此法保藏。苹果等水果也有采用此法贮藏的。由于沟藏受气温的影响很大，初期高温不易控制，贮

藏期不便检查，故在使用上受到一定的限制。此法一般适宜于在较温暖地区的晚秋、冬季及早春贮藏，在寒冷地区只做秋冬时的短期贮藏，而在气温较高的地区则不宜使用。

②窖藏。窖藏方法很多，有棚窖、窑洞、井窖等。多根据当地自然地理条件的特点建造。窖藏既能利用变化缓慢而稳定的土温，又能利用简单的通风设备来调节窖内的温度和湿度。果品可以随时入窖、出窖，也可较方便、及时地检查贮藏情况。因此，此法在我国南方北方都有较广泛的应用。

③棚窖。棚窖是临时性贮藏所，是在地面挖一长方形窖身，窖顶用木料、秸秆、土壤等做棚盖，根据入土深浅可分为半地下式和地下式两类。较温暖地区或地下水位较高处多用半地下式，一般入土深1~1.5m，地上堆土墙高1~1.5m。较寒冷地区多用地下式，即窖身全部在地下，入土深2.5~3m，仅窖顶露出地面。

④井窖和窑窖。在地下水位低、土质黏重的地区可修建井窖，井窖的窖身深入地下3~4m，再从井窖向四周挖数个窑洞，窑洞顶呈拱形，井筒口围土做盖，四周挖排水沟，有的在井盖处设通风口。窑窖是在土质坚实的山坡或山丘挖窑洞，窖口设门或挂帘。

窖藏在我国农村运用较广。但除棚窖以外的其他窖型一般通风较差，尤其春季土温回升到一定程度时，窖温不能靠通风来降低。

（2）简易贮藏的管理。由于简易储运受外界的影响很大，因此，在管理上应根据各种储运形式的特点和性能，结合各地气候条件、土壤条件、果品种类、品种、储期长短、数量多少、质量好坏等予以适当的管理。

①场地选择。简易贮藏的地点应选在地势平坦、干燥、土质较黏重、地下水位低、排水良好、交通便利处。

②沟、窖的方向。在寒冷地区，可采用南北朝向，以减少冬天的迎风面，使两侧受直射的阳光一致，内部温度较均匀。在冬季不太寒冷的地区，则可采用东西朝向，以增大迎北风面，提高

初期的降温效果。在设置阴障或风障时，一般选择东西朝向。

③产品的挑选与入储。简易贮藏的果品，一经入储，多数不易进行检查、挑选，如果与有病、伤、烂的混在一起，则会相互污染加重损失。所以，入储前必须严格挑选，凡不适合贮藏的病、虫、伤产品都应及时挑出，不得入储。不同的品种，应分门别类，分开储运，而成熟度不一致的，最好也能分开储运。适期入储在简易储运中十分重要。入储过早，由于较高的气温和地温，果品温度难以降下来，易腐烂变质；入储过晚，则果品在田间易受冻害。具体入储时间，应视各地的具体情况，尤其是应根据气候及各类果品的生物学特性来决定。

④温度管理。温度管理的原则是在不受冻害的条件下，迅速达到低温状态，并在整个储运期使这种状态得以稳定地保持。在生产上，这一目的是通过有规律的分层覆盖与通风措施来实现的。

二、通风库贮藏

通风库是窖藏的发展，主要是在有良好隔热保温性的库房内，设置良好的通风系统，利用昼夜温差，通过导气设备，将库外低温空气导入库内，再将库内的热空气、乙烯等不良气体排出库外，从而保持适宜的储运环境。通风储运库有地下式、半地下式、地上式三种类型。在冬季较温暖地区，则采用半地下式；在温暖地区，采用地下式；在地下水位较高的低洼地区，可采用地上式通风储运库。

（1）通风库的建筑形式

①小型通风贮藏库。这种库通常以一栋库房为建筑单位，建造时，在库墙的上、下部及库顶分别设置通风设备，使空气对流加快，这时储运效果较好。

②二层楼式通风贮藏库。在小型通风库上再建一层库房成二层楼式，可充分利用空间，增加使用面积，又可使下层库顶避免日照，提高保温隔热性能。上层库房一般用来堆放包装容器，或

作为临时储运所，果品在下层库房贮藏。

③窑洞式通风贮藏库。这种库房一般建成地下式或半地下式。

（2）通风库的管理。通风库的一般温、湿度管理与土窑洞类似，库房的消毒可用 1%～2% 福尔马林或漂白粉喷布，或按每立方米库体 5～10g 的用量燃烧硫黄熏蒸。也可用臭氧（含量为 40mg/m³），兼有消毒和除异味作用。进行消毒时可将容器、架杆等一并放在库内，密闭 24～48h，再通风排尽残药。库墙、库顶等用石灰浆加 1%～2% 硫酸铜刷白。用 5ml/L 的仲丁胺熏蒸 24～48h 后通风 12h，也有良好的灭菌效果。非一次性的菜筐、果箱等，应及时洗净，再用漂白粉或 2%～5% 硫酸铜浸渍，晒干备用。

三、冷库贮藏

冷库贮藏是指机械制冷贮藏。因此，冷库贮藏需要永久性库房、机械制冷装置和绝缘隔热设备。有这些配套设施，用机械设备制冷后，可实现对果实的低温贮藏。根据所储果实的种类和品种的不同，进行温度调控，从而达到长期贮藏的目的。

四、气调贮藏

气调贮藏就是把果实放在一个相对密闭的环境中，同时调节环境中氧气、二氧化碳和氮气等气体成分的比例，并使这一比例稳定在一定范围内的贮藏方法。主要有以下几种形式。

（1）气调冷藏库。除具有冷藏库的功能外，还有能降氧的氮气发生器、二氧化碳脱除器等设备，并具有较高的气密性，以维持气调库所需的气体浓度。气调结合冷藏，能抑制果品的呼吸强度，延缓生理性和传染性病害，延长储运保鲜期。同时，还能克服常规冷藏难以克服的许多问题。因此，它被认为是当前国内外现代化的贮藏方法。

（2）塑料封闭气调法。塑料封闭气调法是在库内地面挖深、宽各 10cm 左右的小沟，扫净地面后，将塑料薄膜帐的帐底平铺地面，再将果筐堆成长方形果垛，将大帐扣在果垛上，大帐的下面与帐底四边用土埋入小沟内，并覆土、压实，以防漏气。

另一种方法是将塑料薄膜制成袋，将果实装入后扎紧袋口即可。塑料袋可直接堆放于冷库或通风库内，也可将袋放入筐（箱）内，再堆码成垛贮藏。还可将果筐（箱）装入塑料袋内，再扎紧袋口，放入库内贮藏。

第二节　果品的加工

一、原料选用

目前，果品加工制品的种类主要有：果品干制品、果品罐藏制品、蔬菜腌制品、果品糖制品、果品汁制品、果品速冻制品、果酒和果酱酿造等。果品原料的种类即原料的特性决定着加工制品的种类。不同的原料加工成不同的制品，不同的制品需要不同的原料（表23-1）。

表23-1　原料选用

加工制品种类	加工原料特性	果品原料种类
干制品	干物质含量较高，水分含量较低，可食部分多，粗纤维少，风味及色泽好的种类和品种	枣、柿子、山楂、龙眼、杏、胡萝卜、马铃薯、辣椒、南瓜、洋葱、姜及大部分的食用菌等
罐藏制品、糖制品、冷冻制品	肉厚、可食部分大、耐煮性好、质地紧密、糖酸比适当、色香味好的种类和品种	一般大多数的果品均可进行此类加工制品的加工
果酱类	含有丰富的果胶物质、较高的有机酸含量、风味浓、香气足	水果中的山楂、杏、草莓、苹果等，蔬菜类的番茄等
果品汁制品、果酒制品	汁液丰富，取汁容易，可溶性固形物高，酸度适宜，风味芳香独特，色泽良好及果胶含量少的种类和品种	葡萄、柑橘、苹果、梨、菠萝、番茄、黄瓜、芹菜、大蒜、胡萝卜及山楂等

（续表）

加工制品种类	加工原料特性	果品原料种类
腌制品	一般应以水分含量低、干物质较多、内质厚、风味独特、粗纤维少为好	原料的要求不太严格，优良的腌制原料有芥菜类、根菜类、白菜类、榨菜、黄瓜、茄子、蒜、姜等

二、原料成熟度与加工

通常将水果的成熟度分为 3 个阶段，即可采成熟度、加工成熟度和生理成熟度。

可采成熟度是指果实充分膨大长成，但风味还未达到顶点。这时采收的果实，适合于贮运，经后熟方可达到加工的要求。

加工成熟度是指果实已具备该品种应有的加工特征，又可分为适当成熟与充分成熟。根据加工类别不同而要求成熟度也不同。如制作果汁、果酒，要求原料充分成熟，色泽好，香味浓，酸低糖高，榨汁容易，吨耗率低。若用生的果品，则制品色淡，味酸，不易榨汁，澄清较困难。

生理成熟度是指果实质地变软，风味变淡，营养价值降低，一般称这个阶段为过熟。这种果实除了可做果汁和果酱外，一般不适宜加工其他产品。

另外，蔬菜收获期也要适时，收获太晚，蔬菜组织疏松，粗纤维增多，水分含量高，可溶性固形物含量下降。收获过早，组织太细嫩，营养物质积累不多，且影响产量。

三、原料新鲜度与加工

加工原料越新鲜，加工的品质越好，损耗率也越低。因此，从原料采收到加工时间应尽量缩短，这就是加工厂要建在原料基地附近的原因。果品蔬菜多属于易腐农产品，某些原料如葡萄、草莓及番茄等，不耐重压，易破裂，极易被微生物侵染，给以后的消毒杀菌带来困难。这些原料在采收、运输过程中，极易造成机械损伤，若及时进行加工，尚能保证成品的品质，否则这些原料严重腐烂，导致失去加工价值或大量损耗。如蘑菇、芦笋要在采后 2~6h 内加工；青刀豆、蒜薹不得超过 1~2d；大蒜、生姜采后 3~5d；甜玉米采后 30h，就会迅速老化，含糖量下降近 50%，淀粉含量增加，水分也大大下降，影响加工品的质量。而水果如桃采后若不迅速加工，果肉会迅速变软，因此要求在采后 1d 内进行加工；葡萄、杏、草莓及樱桃等必须在 12h 内进行加工；柑橘、梨、苹果应在 3~7d 内进行加工。总之，果品蔬菜要求从采收到加工的时间尽量短，如果必须放置或进行远途运输，则应采用一系列的贮藏措施。

四、原料处理

以各种新鲜果品蔬菜为原料，制成各种各样的加工制品，虽然不同的加工制品有不同的制作工艺，但在各类果品加工制品中对原料的选剔分级、洗涤、去皮、去心、破碎等处理方法，均有共同之处，可统称为常规处理法。另外，根据加工原料的特性不同和制品的特殊要求不同在制作工艺中通常还采用热烫处理、硬化处理、护色处理等方法。

(一) 原料的分级

原料进厂后首先要对原料进行分类分级，即要剔除霉烂及病虫害果实，对残、次及机械损伤类原料要分别加工利用。然后再按形态的大小、成熟度及色泽等标准进行分级。原料的合理分级，不仅便于操作，提高生产效率，更为重要的是可以保证提高产品质量，得到均匀一致的产品。

(二) 原料洗涤、原料清洗

目的是洗去果品蔬菜表面附着的灰尘、泥沙和大量的微生物及部分残留的化学农药，保证产品清洁卫生。洗涤用水，除制果脯和腌渍类原料可用硬水外，其他加工原料最好使用经软化后的水。水温一般是常温，有时为增加洗涤效果，可用温热水，但温热水不适宜柔软多汁、成熟度高的原料。原料如有残留农药，还须用化学药剂洗涤。一般常用的化学药剂有 0.5%~1.5%盐酸溶液，0.1%高锰酸钾或 600mg/kg 漂白粉液等。在常温下浸泡数分钟，再用清水洗去化学药剂。洗涤根据各种原料被污染程度、耐压耐摩擦的程度，以及表面形状的不同，采用不同的洗涤方法，有人工洗涤方法和机械洗涤方法。

（三）果品去皮（大部分叶菜类除外）

果品去皮是一个细致的工艺操作，其常用方法主要是手工法、半机械法，另外还有碱液法、热力法和真空去皮法、酶制剂去皮法、冷冻去皮法等。

（1）手工去皮。手工去皮法应用较广泛，操作简单、细致、彻底，但效率低。

（2）半机械去皮。对有一定强度并且外观呈圆形状的原料，大批量的生产常用旋皮机，将待去皮的原料插在能旋转的插轴上，靠近原料的旁边安上一把刀口弯曲的刀，刀柄由弹簧（或手）控制，使刀口紧贴在果体面上，插轴旋转时，刀就从旋转的果体表面上将皮削去。旋皮机的转动有手摇的、足踩的和电动的。去皮效率虽较快，但去皮不完全，还需加以修整，去皮损失率也较高。

（3）碱液去皮。将果品在一定浓度和温度的强碱液中处理适当的时间，果皮即被腐蚀，取出后立即用清水冲洗或搓擦，果皮即脱落，并洗去碱液。此法适用于桃、李、杏、梨、苹果等去皮及橘瓣脱囊衣。常用的碱液为氢氧化钠或氢氧化钾溶液，亦可用碳酸钠加石灰的办法制成碱液。

（4）热力去皮。果品在高温短时间的作用下，使其表面迅速受热，果皮膨胀破裂，果皮和果肉之间的果胶失去胶凝性，果皮与果肉分开。此法用于桃、杏、枇杷、番茄等薄皮果实的去皮。热去皮要求果实的成熟度要高。

（5）冷冻去皮。将果品与冷冻装置的冷冻表面接触片刻，使其外皮冻结于冷冻装置上，当果品离开时，外皮即被剥离。冷冻装置的温度在-28~-23℃，这种方法可用于桃、杏、番茄等去皮。

（四）原料的切分、去心、去核和修整

体积较大的果品原料在罐藏、干制、果脯、蜜饯加工及蔬菜腌制时，为加工成适当的形状，需要进行切分，切分的形状则根据原料自身的形态和产品的标准而定。核果类加工前需去核，仁果类需去心。枣、梅等加工蜜饯时为了煮透需划缝、刺孔。罐藏加工时为了保持良好的形状外观，需对果块在装罐前进行修整。

（五）热烫处理

热烫处理通常又称为烫漂。除供蔬菜腌制的原料外，供作糖制、干制、罐藏、制汁及冻藏等原料，大多需要进行烫漂处理。所谓烫漂就是已切分的新鲜原料在温度较高的热水、沸水或常压蒸汽中加热处理。一般所用的水温为沸点或接近沸点，个别组织很嫩的蔬菜如菠菜，为了保持其绿色可采用76℃的温度。烫漂时间随原料的种类而异，一般为 2~10min。烫漂后必须立即用冷水浸漂，以防止余热持续作用。

（六）硬化处理

所谓硬化处理是指一些果品制品，要求具有一定的形态和硬度，而原料本身又较为柔软、难以成形、不耐热处理等，为了增加制品的硬度，常将原料放入石灰、氯化钙等稀溶液中浸泡。因为钙、镁等金属离子，可与原料细胞中的果胶物质生成不溶性的果胶盐类，从而提高制品的硬度和脆性。硬化剂的用量要适当，过少起不到硬化作用；过多则会使产品粗糙，质量低劣。常用的硬化剂有石灰水和氯化钙。一般进行石灰水处理时，其浓度为1%~2%，浸泡 1~24h；用氯化钙处理时，其浓度为 0.1%~0.5%。经过硬化处理的果品，必须用清水漂洗 6~12h。

（七）护色处理

果品原料去皮和切分之后，放置于空气中，很快会变成褐色，这一现象称之为褐变。发生褐变不仅影响外观，也破坏了产品的风味和营养价值，而且是加工品败坏不能食用的标志。

一般护色措施均从排除氧气和抑制酶活性两方面着手，主要的处理方法如下。

（1）热烫。将去皮切分的原料，迅速用沸水或蒸汽热烫 3～5min，从而达到抑制酶的活性，即可防止酶褐变。热烫后取出迅速冷却，热处理的最大缺点是可溶性物质的损失，一般损失10%～30%，蒸汽处理损失较小。

（2）食盐水。食盐溶于水中后，能减少水中的溶解氧，从而可抑制氧化酶系统的活性，食盐溶液具有高的渗透压也可使细胞脱水失活。食盐溶液浓度愈高，抑制效果愈好。工序间的短期护色，一般采用 1%～2% 的食盐溶液即可，浓度过高，会增加脱盐的困难。为了增进护色效果，还可以在其中加入 0.1% 柠檬酸。食盐溶液护色常在制作水果罐头和果脯中使用。同理，在制作果脯、蜜饯时，为了提高耐煮性，也可用氯化钙溶液浸泡，因为氯化钙既有护色作用，又能增进果肉硬度。

（3）酸性溶液。酸性溶液既可降低 pH 值、降低多酚氧化酶活性，又使氧气的溶解度较小而兼有抗氧化作用，从而抑制氧化酶的活性。而且，大部分有机酸还是果品的天然成分，所以优点甚多。常用的酸有柠檬酸、苹果酸或抗坏血酸等。生产上多采用柠檬酸，浓度在 0.5%～1%。

（4）亚硫酸溶液。二氧化硫能与有机过氧化物中的氧化合，使其不生成过氧化氢，从而使过氧化酶失去氧化作用。浸泡溶液中二氧化硫含量为 $1×10^{-6}$ mg/kg 时，能降低褐变率20%，二氧化硫含量为 $10×10^{-6}$ mg/kg 时，完全不变色。此法对于各种加工原料工序间的护色都适用。

（5）抽真空处理。某些果品如苹果、番茄等内部组织较疏松，含空气较多（表23-2），对加工特别是罐藏或制作果脯不利，需进行抽真空处理，即将原料在一定的介质里置于真空状态下，使内部空气释放出来，代之以糖水或无机盐水等介质的渗入。从而抑制氧化酶的活性，防止酶褐变。常用的介质有糖水、食盐、柠檬酸等。

表 23-2　几种果品组织中的空气含量

种类	含量（%，以体积计）	种类	含量（%，以体积计）
桃	3~4	梨	5~7
番茄	1.3~4.1	苹果	12~29
杏	6~8	樱桃	0.5~1.9
葡萄	0.1~0.6	草莓	10~15

参考文献

高照全. 2014. 果树安全优质生产技术 [M]. 北京：机械工业出版社.

焦乐勤，雷清泉. 2018. 果树生产技术 [M]. 郑州：中原农民出版社.

马骏. 2017. 果树生产技术：北方本 [M]. 北京：中国农业出版社.

王慧珍. 2017. 果树生产新技术：苹果、梨、葡萄、桃、杏 [M]. 北京：中国农业出版社.

杨晓明. 2013. 果树生产技术 [M]. 上海：上海交通大学出版社.